AGROECOLOGIA NO BRASIL
História, princípios e práticas

MANOEL BALTASAR BAPTISTA DA COSTA

AGROECOLOGIA NO BRASIL
História, princípios e práticas

1ª edição

EXPRESSÃO POPULAR

São Paulo • 2017

Projeto gráfico e diagramação: *ZAP Design*
Revisão: *Nilton Viana*
Impressão e acabamento: *Forma Certa*

Dados Internacionais de Catalogação-na-Publicação (CIP)

C837a Costa, Manoel Baltasar Baptista da
Agroecologia no Brasil: história, princípios e práticas. / Manoel Baltasar Baptista da.—1.ed.—São Paulo : Expressão Popular, 2017.
141p.

Indexado em GeoDados - http://www.geodados.uem.br.
ISBN 978-85-7743-311-7

1. Agroecologia - Brasil. I. Título.

CDU 631:577.4

Catalogação na Publicação: Eliane M. S. Jovanovich CRB 9/1250

1ª edição: setembro de 2017
1ª reimpressão: janeiro de 2020

EXPRESSÃO POPULAR
Rua Abolição, 201 – Bela Vista
CEP 01319-010 – São Paulo – SP
Tel: (11) 3112-0941 / 3105-9500
livraria@expressaopopular.com.br
www.expressaopopular.com.br
ed.expressaopopular
editoraexpressaopopular

SUMÁRIO

ANEXOS

NA CONTRAMÃO DOS PARADIGMAS DA AGRICULTURA CONVENCIONAL

Com elevada margem de probabilidade, a humanidade está adentrando um processo de alterações climáticas catastróficas, resultantes de um processo civilizatório de devastação dos recursos florestais, edáficos e hídricos, de elevado consumo e desperdício de matérias-primas em grande parte extraídas da natureza, através de processos altamente impactantes.

Uma questão central de tal modelo se traduz na matriz energética baseada nos combustíveis fósseis que, ao entrar em combustão expelem na atmosfera Gases de Efeito Estufa (GEE), que impedem o retorno da energia térmica ao Universo, o que promove o aquecimento global.

No caso brasileiro a agricultura é a maior vilã, pois é responsável por 72% dos GEE emitidos pelo país em razão do desmatamento e das queimadas, do metano expelido pelos ruminantes e da amônia oriunda dos fertilizantes nitrogenados.

As políticas públicas brasileiras estão basicamente centradas no apoio ao padrão tecnológico da revolução verde – altamente dependente de energia externa e agressivo ao meio ambiente e ao ser humano – que promove o desmatamento desenfreado, as monoculturas, a mobilização intensiva do solo e do uso de agroquímicos, com destaque para os agrotóxicos.

Mas paralelamente, está avançando no país, sobretudo na esfera da agricultura familiar, um padrão tecnológico pautado pela agroecologia – área da ciência que se fundamenta na compatibilização dos processos produtivos agrícolas com a conservação do ambiente e dos recursos naturais – na eficiência produtiva e energética, e em uma distribuição mais justa dos alimentos e da renda gerada a partir da produção primária.

No presente livro explicita-se nossa reflexão sobre tais questões, com ênfase na problemática agrícola contemporânea, e se discute as contribuições que se entende como relevantes ao processo de construção de novos paradigmas e de novos caminhos para a agricultura, em distintas esferas e dimensões, na perspectiva de sua sustentabilidade.

Tal reflexão se inicia no resgate da origem e da evolução da agricultura do mundo ocidental, a partir da Mesopotâmia, há cerca de 6 a 9 mil anos, e dos desastres ambientais resultantes das atividades agrícolas e extrativistas em muitas regiões do planeta, que se desertificaram em função da má e/ou da superexploração dos recursos naturais, caso da própria Mesopotâmia, do Delta do rio Nilo, dos desertos do Thar e do Saara, dentre outras.

Na segunda parte do trabalho é abordado o surgimento e a evolução da agricultura em território brasileiro e seus impactos nas distintas regiões do país. Além disso, trata-se também de expansão acelerada das áreas agrícolas a partir dos anos 1950, com a difusão da agroquímica e a exploração de culturas basicamente voltadas à exportação, como a cana-de-açúcar, a soja, o café, dentre outras, ênfase aos impactos causados com a expansão da fronteira agrícola nas regiões Sudeste, Centro-Oeste e mais recentemente na Amazônia.

Resgata-se também o surgimento do Movimento da Agricultura Alternativa (MAA) nos anos 1970, que evoluiu para o Movimento Agroecológico Brasileiro (MAB) a partir dos anos 1990, se apresenta e se discute os princípios e os conteúdos centrais da agroecologia, e como se proceder para sua efetiva aplicação nos espaços produtivos.

Em sua última parte, o livro aborda os princípios e as orientações a serem relevadas nos processos de conversão dos sistemas produtivos convencionais para formas pautadas pelos pressupostos da agroecologia, em âmbito de seu planejamento e da orientação técnica a ser assumida na dimensão produtiva, abarcando seus aspectos teóricos e práticos.

Nossa expectativa é que este livro seja de alguma valia para técnicos e agricultores que têm como preocupação a sustentabilidade, a justiça e a equidade social.

I. O PROCESSO HISTÓRICO

1. Relação sociedade – natureza

Está suficientemente explícito em âmbito global o impasse de um crescimento populacional exponencial, que com a revolução industrial passou a consumir exacerbadamente energia e matérias-primas, e consolidou a apropriação desigual da riqueza gerada pelo esforço de todos, entre nações e classes sociais. Essas são algumas características centrais das relações capitalistas e da sociedade de consumo.

Tal processo está promovendo a devastação dos recursos naturais (minerais, solo, flora, água e fauna), a poluição atmosférica, desequilíbrios ecológicos severos restritivos à vida humana, bem como a exclusão econômica e social de parcela expressiva da população.

A história humana está repleta de exemplos de insucesso de civilizações, que tiveram de migrar ou se extinguiram devido a alterações macroclimáticas, ou à degradação irreversível dos recursos naturais submetidos a um manejo inadequado, e/ou explorados além de sua capacidade de recomposição (resiliência).

Tal problemática está hoje agravada com as mudanças climáticas em curso resultantes do efeito estufa, pela destruição da camada de ozônio, pelas chuvas ácidas, pelo uso dos agrotóxicos na agricultura, produtos letais ao ser humano e demais formas de vida (animal e vegetal), pela perda da biodiversidade e extinção de espécies, com a ação antrópica levando à exaustão os recursos naturais renováveis e não renováveis.

Trata-se de problemática que deveria estar sendo consistentemente tratada e enfrentada pela sociedade, pelo Estado, pelos poderes executivo e judiciário, através de políticas e ações de cunho socioambiental, que coibissem as agressões ao meio ambiente e ao ser humano em âmbito local, regional e global.

O Brasil, país historicamente produtor e exportador de produtos agrícolas, desde o período colonial vem devastando seus recursos florísticos, edáficos e hídricos. A começar pela Mata Atlântica da qual resta hoje menos de 8%, processo que se interiorizou a partir da década de 1950/1960 com a ocupação do cerrado, cujo remanescente está hoje reduzido a 20%, e com a expansão da fronteira agrícola para a região amazônica, onde já foram erradicadas mais de 20% das florestas.

Para Toynbee:

> A revolução industrial iniciada na Inglaterra na década de 1770, um acontecimento de âmbito biosférico, inverteu a relação homem-biosfera. Até então vivendo dela, com a revolução industrial o homem passou a ter o poder de extingui-la. Os objetivos das revoluções industrial e agrícola eram obter um aumento máximo na produção de riqueza material, de forma individualizada, não de atender uma necessidade coletiva. Elevou o Produto Nacional Bruto PNB, a disparidade na distribuição dos seus resultados, privatizando a propriedade da terra e da fábrica, os instrumentos da produção.
>
> Nos últimos dois séculos o homem aumentou seu poder material a ponto tal, que se transformou em uma ameaça à sobrevivência da biosfera; (...) pela cobiça que agora está armada com a capacidade de derrotar suas próprias intenções. O crescimento das cidades toma principalmente a forma de proliferação de favelas, habitadas por migrantes desempregados, vindos das áreas rurais nas quais a maior parte da humanidade viveu e trabalhou desde a invenção da agricultura no início da idade neolítica.

> A minoria que produz utilidades industriais ou comestíveis, e matérias-primas orgânicas, por processos mecânicos muito poderosos, e cada vez mais sofisticados, está poluindo a camada atmosférica e a água da biosfera com produtos residuais de suas atividades pacíficas, mesmo quando não desbasta a flora ou destrói a fauna (humana e não humana), inclusive com operações militares intencionalmente destrutivas (Toynbee, 1987).

Com tal devastação, alertam os cientistas, devem avançar os processos de savanização e desertificação no país, e muito provavelmente em boa parte do continente sul-americano.

E assim se repetirá a história da agricultura em distintas regiões do planeta em períodos anteriores da trajetória humana, vide a desertificação no Oriente Médio, Ásia e América, com os desertos do Thar, Saara, Atacama, Sonora, dentre outros.

Se em um primeiro momento a devastação podia ser creditada ao desconhecimento e à ignorância, no presente há pleno conhecimento dos processos que causam os impactos negativos, em larga medida consequentes do padrão de consumo adotado pela humanidade; no caso da agricultura, este processo deve-se a uma orientação tecnológica e produtiva que ignora a dimensão ecológica de tal atividade antrópica.

No Brasil, a ação do Estado, em consonância com os determinantes do processo de acumulação capitalista em âmbito mundial, implementou uma orientação à agricultura baseada nas monoculturas, nas tecnologias químicas e mecânicas, na mobilização intensiva do solo, em práticas e processos produtivos incompatíveis com a conservação dos recursos naturais e com as realidades tropicais e subtropicais.

Questão também central do padrão tecnológico conhecido com a revolução verde é de ordem social, com a redução das ocupações no campo e a concentração da posse da terra, com o avanço no consumo dos herbicidas e com a mecanização indiscriminada. Apenas entre as décadas de 1960 a 1980 cerca de 13 milhões de pessoas abandonaram o campo no Brasil, fruto de alterações no uso do solo, do padrão tecnológico, das políticas agrícolas e agrárias, que alimentaram a concentração fundiária, a redução das ocupações rurais, inviabilizando em larga medida as pequenas escalas da produção.

A abordagem analítica adotada em grandes espaços das ciências convencionais é atomística, com as distintas áreas do conhecimento tratadas de forma estanque e compartimentada. A entomologia, a fitopatologia e a nutrição vegetal são abordadas como se não tivessem nenhuma relação entre si e com o manejo que se pratica no agroecossistema. Receita-se os agroquímicos de forma desprovida de um instrumental necessário ao entendimento dos complexos processos bióticos que ocorrem na natureza, em condições de um equilíbrio dinâmico e instável.

Um enfoque reducionista, centrado apenas nos processos químicos e mecânicos e nos aspectos econômicos e financeiros do agro, determina e justifica uma base tecnológica altamente dependente de energia fóssil, de baixa eficiência energética, disseminada de forma indiscriminada para as mais distintas realidades ecológicas.

A agricultura brasileira conta com um segmento empresarial de médio e grande porte e com a agricultura familiar, o primeiro mais voltado à exportação e o grande beneficiário das políticas públicas; a segunda, não obstante ser responsável por cerca de 70% do abastecimento interno, conta com um apoio diminuto, à luz de sua expressão produtiva, econômica e social.

Na esfera energética os agroecossistemas dependem cada dia mais de energia externa, com os agricultores inseridos em uma relação de subordinação econômico-financeira perversa, à montante e à jusante da produção. Setor pouco organizado fica à mercê dos interesses dos segmentos agroindustriais produtores de insumos, equipamentos, germoplasma e energia, processadores e comercializadores da produção, que em última instância determinam o curso das políticas agrícolas, tecnológica, creditícia, assim como o preço pago ao agricultor.

Em uma conjuntura em que a degradação socioambiental tornou-se evidente, e a preocupação com a sustentabilidade* passa a ocupar um lugar central nos debates contemporâneos, a busca de alternativas que propiciem a superação das desigualdades sociais e a depleção dos recursos naturais constitui-se em questão central. Pois a persistirem os atuais processos de exclusão social e de degradação da base de recursos naturais que dão sustentação à agricultura e à vida humana, em um prazo não muito distante estará comprometido o objetivo maior da segurança alimentar.

Tal impasse societário se torna mais preocupante ainda, quando praticamente a metade da população mundial (China e Índia) passa a adentrar mais intensamente no padrão da sociedade de consumo, como o caminho para alcançar o desenvolvimento econômico.

Fato novo e auspicioso é que em contraposição ao padrão de produção agroquímico tem avançado significativamente na sociedade o ideário e a prática agroecológica. Esta se constitui como um modo de produção, um movimento social e uma nova área da ciência que trabalha na perspectiva da consecução de métodos de produção agrícola energética e produtivamente eficientes, ecologicamente sustentáveis, econômica e socialmente justos. Conceito esse que epistemologicamente mantém estreita relação com a cultura e os conhecimentos tradicionais (Altieri, 2002; Gliesmann, 2000; Leff, 2000).

---

* Sustentabilidade entendida em suas dimensões socioeconômica, ecológica e energética, temática tratada adiante.

Um dos objetivos buscados pela agroecologia no manejo dos agroecossistemas é a redução da dependência de insumos e energia vindos de fora da propriedade, o que é possível através da compatibilidade do processo produtivo com a conservação dos recursos naturais, a busca do equilíbrio biológico e da eficiência energética da unidade produtiva (USDA, 1985; NRC, 1989).

A preservação da biodiversidade e dos recursos florísticos, a otimização da produção e a reciclagem eficiente da biomassa, o manejo vegetativo do solo e sua cobertura permanente promovem uma maior autonomia, eficiência energética e produtiva dos agroecossistemas, além da soberania genética.

À luz dos impactos causados pelo setor, é da mais alta relevância na atualidade a adoção pela agricultura de métodos e práticas que relevem os conhecimentos e os acúmulos da ecologia e das populações tradicionais na busca das alternativas passíveis de minorar, mitigar, e eventualmente reverter os impactos causados pela agricultura sobre o meio ambiente, inclusive na perspectiva da captura do carbono atmosférico através da recomposição dos espaços florestais, talvez o único caminho capaz de reverter o efeito estufa.

Se é que ainda há tempo para isso, pois para muitos cientistas a humanidade já atingiu o seu *point of no return,* face à dimensão da sua relação predatória com a natureza.

2. Legados da agricultura pioneira

Por sua própria natureza e características, a agricultura exerce uma permanente pressão sobre a base de recursos que lhe dá sustentação. Estudos paleontológicos sugerem que povos pré-históricos alteraram substancialmente o ambiente com o uso exacerbado do fogo, como estratégia de caça e defesa (Dorst, 1973).

Pela domesticação de não mais de 300 espécies vegetais e 18 animais, o homem foi consolidando seus hábitos alimentares até os dias de hoje. Plantas e animais foram sendo domesticadas e selecionadas à luz de sua adaptação ao meio, de sua eficiência produtiva, e resiliência a estresses causados por problemas climáticos e sanitários diversos, em cada situação específica.

Através de processos empíricos de tentativas, erro e acerto, as distintas etnias e civilizações foram desenvolvendo, no decorrer do tempo, seus métodos de produção e a relação sociedade – natureza, em que ocorreram alguns processos bem-sucedidos e um grande número de desastres.

Dentre os legados da agricultura destacam-se os processos biológicos e vegetativos adequados às distintas realidades ecológicas, edafo-climáticas e socioeconômicas. Destacam-se também os acúmulos, acervos e trocas no âmbito do germoplasma vegetal e animal, as técnicas e processos de manejo dos recursos naturais e produtivos, os equipamentos de pequena e média escala, o uso da energia térmica, radiante e hídrica, dentre outros (Perlin, 1992; Mazoyer, 2001).

Como processos afins à sustentabilidade, utilizados nas agriculturas praticadas nas distintas regiões do planeta, se inclui a integração da produção animal, vegetal e florestal, métodos de manutenção e recuperação da capacidade produtiva do solo de cunho orgânico e/ou vegetativo, a identificação de plantas melhoradoras de solo (adubos verdes), os processos de reciclagem eficiente da biomassa vegetal e animal, dentre outros.

Em distintos períodos foram desenvolvidas práticas e métodos naturais isentos de agroquímicos, visando a superação dos problemas fito e zoo sanitários, dentre eles a rotação e a consorciação de culturas, a conservação e manejo da biodiversidade dos agroecossistemas, a identificação e uso de plantas repelentes e atrativas de insetos, o uso de caldas e extratos de plantas com efeito inseticida, a seleção genética de materiais tolerantes ou resistentes a estresses predominantes nos distintos territórios e ecologias.

Houve relações positivas na equação agricultura *x* meio ambiente que perduraram por séculos, caso dos sistemas de irrigação no Egito antigo, no Delta do rio Nilo, os terraços irrigados do Sudeste da Ásia, sistemas de manejo da flora desenvolvidos por algumas civilizações indígenas dos Andes, Amazônia, México e África (Mazoyer, 2001).

Mas são exceções na história humana, em que predominaram os casos de insucesso sempre que se promoveu uma exploração predatória dos recursos naturais, uma inadequada gestão do solo, água, flora e fauna, a adoção de técnicas e métodos ecologicamente incompatíveis com cada realidade específica. O mesmo ocorreu com o intercâmbio de técnicas e germoplasma quando a realidade ecológica, social e econômica entre as zonas de intercâmbio genético e tecnológico eram muito distintas.

A história humana está repleta de exemplos de insucesso de civilizações que tiveram de migrar ou se extinguiram devido a alterações macroclimáticas, ou à degradação irreversível dos recursos naturais submetidos a um manejo inadequado, e/ou explorados além de sua capacidade de recomposição (resiliência).

São muitas as evidências de degradação irreversível de áreas anteriormente férteis do Oriente Médio, Ásia e Mediterrâneo, pelo cultivo inadequado e/ou pela exploração dos recursos florestais e edáficos além de sua capacidade natural de regeneração. Parte do deserto do Saara na África é resultante do superpastoreio, irrigação errada e desflorestamento, combinados com mudanças climáticas. Há dois mil anos o centro do deserto do Thar na Índia Ocidental era uma selva, área que se degradou com a erradicação da flora, práticas deficientes de cultivo e pelo superpastoreio (Ehrlich, 1974).

São exemplos de fracasso a região da Mesopotâmia, outrora florestada e hoje desértica, a Grécia, devastada pela 1ª

Civilização Grega, desabitada por séculos e com o retorno das populações a tais áreas depois da recomposição das florestas, tais recursos foram novamente devastados pela 2ª Civilização Grega, as extensas regiões da Península Ibérica e Norte da África, devastadas com a ocupação do Império Romano (Perlin, 1992; Mazoyer, 2001).

Desde a Antiguidade esteve presente o intercâmbio de bens, germoplasma e conhecimentos entre culturas e regiões, de forma pacífica, de cooperação e também litigiosa. Com o mercantilismo e o colonialismo tal intercâmbio se intensificou e se tornou um lucrativo negócio.

3. A evolução da agricultura ocidental

A agricultura surgiu no Crescente Fértil (Síria, Iraque, Irã) há mais de oito mil anos, no Sul do México entre nove e quatro mil anos, na China (Rio Amarelo) entre oito e seis mil anos, nos Andes há mais de seis mil anos, na Nova Guiné e Papua possivelmente há dez mil anos.

A região da Mesopotâmia era florestada, mas com a devastação e o uso de práticas e técnicas agrícolas ecologicamente impróprias, ela desertificou (Mazoyer, 2001).

Com os gregos a agricultura se expandiu para a região do Mediterrâneo, onde processos semelhantes de desmatamento, erosão e assoreamento levaram à exaustão as áreas agrícolas, obrigando muitas populações a migrarem. A devastação foi tanta que cidades antes localizadas na orla marítima como Troia, Priena e Efeso, hoje distam alguns quilômetros do Mar Egeu. Troia, que ao final da Idade do Bronze distava 2,5 km, hoje está a 4,5 km do mar (Perlin, 1992).

Tal civilização foi sucedida pelos romanos, que promoveram a devastação da flora e do solo de partes da Europa e do Norte da África, processo que chegou às Américas com o colonialismo europeu.

Extensas regiões do Oriente Médio, Ásia, África e Mediterrâneo, outrora habitadas por etruscos, fenícios, egípcios, chineses, gregos, romanos, árabes, e tantas outras civilizações, foram irreversivelmente degradadas pela exploração dos recursos naturais além se sua capacidade de recomposição.

Na Idade Média crises de abastecimento assolaram a Europa por muitos séculos, problemas minorados a partir do século XI com as chamadas Primeira e Segunda Revoluções Agrícolas, em que foram adotadas a prática do pousio e a rotação de culturas além da integração da exploração vegetal e animal (Romeiro, 1996; Veiga, 1994). Problemas fitopatológicos na cultura da batata na Irlanda nos anos 1845-1846, alimento básico da população, levaram à morte 1,5 milhão de habitantes, e à migração de um milhão, principalmente para os Estados Unidos.

Pesquisas comprovam a má gestão e o esgotamento dos recursos naturais, dado o modo que foram explorados como a causa do declínio de muitas civilizações. O problema ganhou maior expressão com a revolução industrial e a expansão das tecnologias mecânicas e químicas.

Para Deléage,

> o advento do capitalismo industrial, a partir do século XVI, e a sua extraordinária expansão a partir do século XIX, causaram uma verdadeira revolução na representação coletiva da natureza, pois o princípio da solidariedade homem/universo físico foi substituído pelo da dominação da natureza pelo homem (Deléage, 1993).

Para Sarasin,

> o predomínio do valor de troca sobre o valor de uso que triunfou sob o capitalismo, significa que tudo que a natureza põe abundantemente à disposição do homem é totalmente indiferente à sociedade, porque não tem nenhum valor no sentido econômico que este termo adquiriu.

4. A evolução da agricultura brasileira

A agricultura se constitui na atividade humana que mais demanda território, promovendo impactos difusos sobre o meio físico e biológico. E no caso brasileiro – contrariamente ao que colocam os apologistas do modelo agroquímico, o agronegócio – a agricultura tem promovido expressivo passivo ambiental e social, dada a forma pela qual tem sido conduzida em praticamente todas as regiões do país, desde o período colonial.

A grande maioria das espécies aqui cultivadas é exótica, trazidas principalmente pelos europeus e africanos, originárias sobretudo da África, Ásia e Mediterrâneo – casos do arroz, banana, café, cana-de-açúcar, trigo, manga, citros, uva, pêssego, a maioria das hortaliças; e outras da América Latina, como o milho, batata e tomate. São exceções a mandioca e algumas espécies hortícolas, originárias do país.

Historicamente a agricultura brasileira foi conduzida sem qualquer atenção com a dimensão ecológica e a conservação dos recursos naturais que suportam a produção, desde o descobrimento. Haja vista a devastação da Mata Atlântica, bioma hoje reduzido a menos de 8% de sua extensão original, primeiramente pela cana, e, posteriormente, pela devastação de grandes extensões de matas da região Sudeste para a exploração do café e a pecuária, em terras outrora muito férteis que hoje, muitas delas, só se prestam para pastagens e para reflorestamento.

Desde o Brasil Colônia a agricultura se pautou pela monocultura, pelo intensivo uso do fogo e revolvimento do solo, que exposto a chuvas com elevada energia cinética sofrem rápida degradação de sua fração orgânica, adensamento, compactação e erosão.

Até a segunda metade do século XIX, a agricultura brasileira era conduzida de forma empírica, pautada pelas oportunidades de exportação, sem qualquer orientação técnica; quando problemas sanitários surgidos nos cultivos do café e do algodão, determinaram a organização das primeiras estruturas de pesquisa em fins do século XIX.

Em 1890 foi fundado o Instituto Agronômico de Campinas (IAC), onde se priorizava a adaptação das espécies a cada realidade edafoclimática, e o melhoramento genético voltado à resistência das plantas às pragas e doenças.

Buscava-se otimizar o uso dos recursos locais na condução dos agroecossistemas, no manejo do solo e na condução da produção, através dos métodos biológico-vegetativos, época em que os agroquímicos eram desconhecidos dos agricultores.

A partir do início do século XX passam a ser constituídas as estruturas de ensino e pesquisa na esfera da agricultura, em âmbito federal e algumas iniciativas estaduais.

A partir da década de 1960 o Brasil passou a reorientar sua agricultura pelos padrões da revolução verde, com o Estado fomentando e subsidiando a adaptação do modelo tecnológico químico-mecânico, desenvolvido originalmente para as realidades temperadas e frias, nas condições tropicais e subtropicais.

Expandiu-se a fronteira agrícola, intensificou-se a mecanização, o desmatamento, a mobilização excessiva do solo, o uso do fogo, as monoculturas, o consumo de fertilizantes industrializados e de agrotóxicos. Isto acompanhado de um incremento da produção e produtividade agrícola.

Mas, decorridas cinco décadas da implementação de tais políticas, a se ponderar seus custos e benefícios, suas principais resultantes são os severos impactos ecológicos e sociais. Dentre eles, os problemas de erosão e degradação do potencial produtivo dos solos, o assoreamento dos mananciais e a redução da disponibilidade hídrica, o incremento dos problemas fito e zoossanitários com a expansão das monoculturas, os acidentes ocupacionais com a manipulação de agrotóxicos, a produção de alimentos com resíduos tóxicos.

5. A revolução verde: determinantes e evolução

Apenas nos últimos 200 anos, com o avanço do conhecimento científico, com as descobertas de Liebig – entre elas a natureza mineral da nutrição das plantas – e com a revolução industrial, passam a ser incorporadas mais intensamente ao processo agrícola as tecnologias químicas e mecânicas que, associadas ao consumo de energia fóssil, vêm a se constituir no cerne da hoje denominada "moderna agricultura".

Tal alteração da base produtiva agrícola ganha destaque inicialmente nos EUA em fins do XIX, com a disseminação das tecnologias mecânicas, com equipamentos originalmente movidos a tração animal, posteriormente a vapor e ao motor de combustão. O modelo foi também adotado em países europeus e no Japão, além de ser incorporada à base produtiva agrícola as tecnologias da adubação química. Apenas em meados do século XX os agrotóxicos passam a ser introduzidos no processo produtivo, uma resultante do desenvolvimento das armas químicas, a partir da I Guerra Mundial.

As tecnologias químicas e mecânicas, restritas em um primeiro momento aos países centrais, promoveram alterações significativas na agricultura desses países no que diz respeito ao incremento da produtividade do trabalho e liberação de mão de obra no campo, à expansão das áreas agricultadas e incremento da produtividade de muitas explorações vegetais e animais. Os resultados iniciais de sua adoção pelos agricultores nos países desenvolvidos induziram sua rápida difusão.

No caso brasileiro, a partir de 1960, subsídios públicos significativos passaram a ser aportados, através do crédito rural, a agricultores, pressionados a modernizar seus sistemas produtivos, e também à prospecção científica e tecnológica, realizada por universidades e demais estruturas oficiais em atendimento às demandas do capital industrial. Os sistemas de produção agrícola foram sendo crescentemente artificializados pelo uso de insumos químicos e mecânicos, condicionando, assim, uma crescente subordinação da agricultura ao capital industrial, setor que antes primava e se caracterizava pela autonomia e independência de energia externa.

Promoveu-se uma investigação tecnológica monofatorial, reducionista, que tinha como premissa básica o incremento da produtividade física das explorações agrícolas. O melhoramento genético, orientado segundo tais objetivos, se consubstanciou no carro-chefe do novo modelo para as mais distintas das regiões, independente da sua ecologia e características socioeconômica.

A pesquisa orientada segundo os paradigmas químicos e mecânicos não ponderou em profundidade as variáveis ecológicas, os ciclos biogeoquímicos, os equilíbrios biológicos, em uma atividade humana em que a componente biológica deve se constituir em questão central.

Em âmbito internacional, já na primeira metade do século XX, a chamada "moderna agricultura" passa a ser questionada por parcela da comunidade científica americana, país em que tal modelo tinha maior expressão. Em 1930 ocorre uma erosão maciça de solos em Oklahoma (*Dust Bowl*), consequência das práticas de mecanização intensiva, quando, pela primeira vez é admitida a possibilidade de erro no enfoque de manejo do solo; é criado então o Serviço Nacional de Conservação do Solo daquele país.

Nas décadas de 1930 e 1940 surge, também nos EUA, uma série de trabalhos que discutem a correlação entre dieta humana, doenças e sanidade, com base em estudos de doenças degenerativas, problemas de reprodução e declínio da sanidade humana e animal, um deles patrocinado pelo próprio USDA* (Wrench, 1938, USDA, 1938, e Prince, 1945).

The Yearbook of Agriculture, de 1938, relatório oficial do Departamento de Agricultura dos EUA, dava indicações de alterações da política oficial em prol de uma agricultura ecologicamente sólida. Mas tal tendência foi revertida após 1945, por pressão do complexo industrial petroquímico e mecânico, com o fim da II Guerra Mundial.

O uso excessivo de fertilizantes altamente solúveis, notadamente o nitrogênio e o fósforo, pode promover uma degradação irreversível dos mananciais hídricos. Países como a Holanda, França e Alemanha apresentam extensas regiões onde a eutrofização dos lençóis freáticos está inviabilizando o uso da água para o consumo humano e para a irrigação.

O uso intensivo de agrotóxicos está aumentando os problemas fito e zoossanitários, com reflexos diretos na contaminação dos recursos naturais e dos alimentos, ampliando a resistência dos seres vivos (insetos, patógenos e espécies invasoras) a tais produtos químicos. Os inúmeros acidentes ocorridos em indústrias produtoras de pesticidas promoveram grandes desastres ambientais, exemplos de Seveso, na Itália; Bophal, na Índia; Ciba na Suíça e Alemanha; assim como a poluição do rio Reno, e da Baixada Santista pela Rodhia, dentre muitos outros.

Para Gliessman (2000) as técnicas, inovações, práticas e políticas que dão suporte à agricultura moderna também minaram suas bases, pois tais métodos retiram excessivamente e degradam

* Departamento de Agricultura dos Estados Unidos (DAEU); em inglês: United States Department of Agriculture (USDA).

os recursos naturais dos quais depende: o solo, as reservas de água e a diversidade genética natural. Para o autor, a agricultura moderna é insustentável, porque deteriora as condições que a tornam possível.

A excessiva especialização dos sistemas produtivos, e as tecnologias capital – intensivas levam a uma dependência de pesticidas e fertilizantes sintéticos, que causam impacto negativo sobre o ambiente e as sociedades rurais. Isso pode se denominar como *doenças ecológicas*, possíveis de serem agrupadas em duas categorias.

De um lado, estão os problemas diretamente associados à base dos recursos solo e água, que incluem: a erosão, a queda da produtividade inerente do solo e esgotamento da reserva de nutrientes, a salinização e a alcalinização do solo, poluição das águas superficiais e subterrâneas, além da perda de áreas agrícolas para a expansão urbana.

De outro, situam-se os problemas diretamente relacionados às explorações animais e vegetais: pragas e doenças, perdas de safras, de plantas silvestres, de recursos genéticos vegetais e animais, eliminação dos inimigos naturais das pragas, ressurgência e resistência genética aos pesticidas, contaminação química e destruição dos mecanismos de controle natural.

As doenças ecológicas são vistas usualmente como problemas independentes, mas na realidade são sintomas de um planejamento pobre, de sistemas funcionalmente pobres. Plantas cultivadas em monoculturas geneticamente homogêneas não possuem os mecanismos ecológicos de defesa necessários para tolerar os impactos da erupção de pragas (Altieri, 1998).

As perdas na cultura do milho nos EUA, por insetos, elevaram-se entre 7 e 13% no período de 1945 a 1989, apesar do aumento de dez vezes no volume de inseticidas aplicados (Pimentel, 1982).

Aportes crescentes de energia externa aos processos produtivos agrícolas implicaram em custos crescentes de produção que, se em um primeiro momento eram compensados pelo incremento de produtividade, em médio e longo prazos não garantiram sua sustentação. Há que se salientar que a viabilidade financeira do setor, em muitas situações, é mantida através de maciços subsídios oficiais (EUA, Japão e União Europeia).

No caso brasileiro e dos demais países do Terceiro Mundo, apenas a partir dos anos 1960 o modelo agroquímico passa a ter expressão. O que ocorre com o fim da II Guerra Mundial, quando o complexo petroquímico e mecânico fica ocioso, e passa a buscar novos mercados para sua produção industrial, o mais promissor deles é a agricultura do Terceiro Mundo.

A disseminação da chamada agricultura moderna no Brasil foi fomentada por grupos econômicos com interesses diretos no consumo de petróleo, insumos químicos e mecânicos (Fundações Ford, Rockefeller, Kellogs), além do próprio governo americano. Tal estratégia contemplou um maior intercâmbio técnico-científico entre as universidades americanas e instituições de pesquisa nacionais, a formação de quadros técnicos nos EUA, a reformulação dos *curricula* da agronomia para atender aos interesses do novo padrão, a adequação da estrutura laboratorial e do escopo das pesquisas científicas nacionais em curso nas universidades e instituições de pesquisa. Recursos financeiros substanciais foram aportados com tal finalidade pelos EUA, através de convênios específicos (Aliança para o Progresso, Convênio MEC-Usaid*, dentre outros).

---

* Agência dos Estados Unidos para o Desenvolvimento Internacional; em inglês *United States Agency for International Development* (Usaid).

Em âmbito mundial foram criados os Centros Internacionais de Germoplasma (CIAT, CIMYT, IRRI, CATIE etc.), com o propósito de concentrar, colecionar e distribuir o germoplasma coletado em âmbito mundial. Tais centros passaram a reciclar os melhoristas do Terceiro Mundo, e a determinar/induzir a orientação do melhoramento genético em âmbito mundial.

Tal proposta era colocada como forma de superar o problema da fome no Hemisfério Sul, mas seu objetivo maior, subjacente, era com a consolidação do mercado de germoplasma, insumos e máquinas produzidas pelo complexo petroquímico e mecânico transnacional.

Os resultados iniciais da adoção das tecnologias químicas e mecânicas pelos agricultores nos países desenvolvidos induziram sua rápida difusão. Os sistemas de produção agrícola foram crescentemente artificializados pelo uso de insumos químicos e mecânicos, condicionando assim uma crescente subordinação da agricultura ao capital industrial, setor que antes primava e se caracterizava por uma razoável autonomia e independência de aportes externos. Equipamentos e instrumentos mecânicos foram criados visando o aumento da produtividade do trabalho, movidos originalmente pelas fontes de energia disponíveis localmente: humana, animal, eólica e hídrica.

O modelo convencional da agricultura industrial enfatiza a aplicação de um paradigma científico reducionista, centrado em variedades de alta produtividade que dependem da aquisição do pacote químico, mecânico e energético. Sua difusão se deu de forma homogênea, em um contexto de grande diversidade ecológica, étnica e socioeconômica, apoiada por agências internacionais de desenvolvimento (Usaid e Bird*), por políticas de

* O Banco Internacional para Reconstrução e Desenvolvimento (Bird).

crédito e subsídios, por estruturas de ensino, pesquisa e extensão rural nacionais, além das companhias transnacionais que, em seu conjunto, estimulam e promovem o uso dos agroquímicos.

Nas últimas décadas, o processo de hegemonia do segmento agroindustrial se ampliou com a apropriação privada do germoplasma e o desenvolvimento e difusão de espécies transgênicas, colocadas na natureza sem o devido conhecimento e segurança científica quanto a seus potenciais impactos biológicos, ecológicos e sociais.

De uma perspectiva ecológica, sistemas produtivos especializados com monoculturas não apresentam uma estrutura integrada entre seus componentes (solo, cultivos, animais); os ciclos de energia, nutrientes, água e resíduos são muito abertos (com muitas perdas); muitos cultivos são conduzidos em condições marginais, demandando um maior uso de agroquímicos, energia não renovável que causa grande impacto ambiental. Uma permanente troca de germoplasma afeta a estabilidade biológica e produtiva do sistema no tempo; o aporte crescente de agroquímicos (praguicidas e fertilizantes) apresenta eficiência decrescente, onde a produtividade em escala mundial está se estabilizando ou mesmo decrescendo (Altieri e Rosset, 1995).

Não se pode ignorar, assim, o peso político e econômico do setor privado nas universidades públicas, financiando pesquisas públicas para o atendimento de interesses privados, muitas vezes incompatíveis com os pressupostos da sustentabilidade, caso das pesquisas com agrotóxicos e espécies transgênicas.

6. A problemática climática atual

Alterações climáticas atípicas e severas, resultantes do agravamento do aquecimento global com a dispersão de poluentes na atmosfera, o efeito estufa, e os fenômenos *el niño* e *la niña* estão causando impactos preocupantes sobre o ambiente e a agricultura no Brasil.

A agricultura é responsável por 73% dos Gases Efeito Estufa (GEE) emitidos pelo país, devido à expansão da fronteira agrícola, ao desmatamento, às queimadas, ao rebanho de ruminantes e ao óxido nitroso resultante da adubação nitrogenada mineral e orgânica (IPCC, 2002).

Há que se destacar que o processo de devastação ambiental pela agricultura, afetando a flora, solo, água e flora tem alterado o ciclo hidrológico em distintas regiões do planeta, processo agravado em períodos mais recentes com os novos fenômenos macroclimáticos.

Em relação a muitos países asiáticos e latino-americanos, o Brasil tem uma realidade ecológica privilegiada, pois não é (ainda?) afetado por tufões, furações e terremotos. Mas, mesmo assim, alterações de ordem térmica, eólica e principalmente hídrica estão impactando seriamente a produção agrícola em algumas regiões, com boa parte dos prejuízos recaindo sobre a agricultura familiar, bastante expressiva em todas elas.

O Oeste da região Sul tem sido afetado por sucessivos períodos de seca, alternados por períodos de chuvas severas, com os fenômenos *el niño* e *la ñina,* causando expressivas perdas de safra para os agricultores. O Nordeste brasileiro, região historicamente marcada por déficits hídricos severos, está sendo afetado pelas mudanças climáticas recentes com a ocorrência de secas mais pronunciadas na última década, e esporádicos anos chuvosos. Tal fenômeno guarda relação com a alteração na distribuição das chuvas das regiões Amazônica e Sul, uma vez que excedentes hídricos no Nordeste são contrabalançados com déficits hídricos nas primeiras, e vice-versa.

Uma alteração climática preocupante no Brasil diz respeito ao regime de distribuição e concentração das chuvas.

Eles estão se espaçando e se intensificando, causando severas inundações, erosão e desmoronamentos em regiões acidentadas, destaque aos Estados do Rio de Janeiro, Santa Catarina e região Amazônica.

Tais fenômenos têm afetado seriamente a produção agrícola, conduzida por processos que acentuam a erosão ao erradicar as matas, ao mobilizar intensivamente o solo, ao destruir a matéria orgânica da biomassa e do solo, e consequentemente a capacidade do solo e do ambiente acumular e conservar a água e os nutrientes.

7. O processo da revolução verde

O padrão tecnológico da revolução verde foi desenvolvido nas regiões temperadas e frias dos países centrais – Estados Unidos, Europa e Japão – onde a realidade ecológica e a dinâmica dos ciclos biogeoquímicos possuem características fundamentalmente distintas das predominantes nas zonas tropicais e subtropicais. Assim como a realidade social e econômica resultante do caminhar da humanidade e da ação antrópica.

Tal modelo, pautado pela agroquímica e pela mecânica, passou a ganhar expressão nas regiões tropicais com o fim da II Guerra Mundial, de forma coerente com os interesses e determinantes do complexo industrial petro-químico-mecânico, até então envolvido com a produção bélica (equipamentos, armas, munições). Com o fim da guerra fica ocioso, sem mercado para a colocação de sua produção. Nesse contexto tal complexo identifica na agricultura um consumidor em potencial para sua produção, desde que procedesse a algumas alterações em seus processos industriais, para a fabricação dos fertilizantes químicos, agrotóxicos e equipamentos mecânicos. E por tal caminho o complexo conseguiu, em um primeiro momento, recompor seus níveis de produção do período da guerra, e, em um segundo momento, expandi-los exponencialmente.

O custo-benefício da revolução verde nos trópicos tem sido altamente negativo se relevados todos seus rebatimentos e impactos – econômicos, sociais e ambientais; afora se constituir em uma atividade perdulária sob a ótica energética, dada sua elevada dependência de energia externa, basicamente energia fóssil e agroquímicos.

Seus objetivos implícitos visavam o maior consumo de energia pela agricultura e a otimização do lucro e da produtividade agrícola em curto prazo, segundo um referencial conceitual e analítico cartesiano e reducionista.

Quando o padrão tecnológico químico/mecânico foi transposto para os trópicos, não foram relevadas as características edafoclimáticas e socioeconômicas de tais regiões, fundamentalmente distintas das imperantes nos países onde o modelo se originou.

No caso brasileiro, os requerimentos da chamada "moderna" agricultura estavam em total desacordo com uma elevada disponibilidade de terras agricultáveis ociosas, com grandes contingentes populacionais cada dia mais desocupados, e com escassez de capital.

E a fome, problema que a revolução verde se propunha a resolver, se ampliou, chegando a afligir mais de um quarto de nossa população, índice esse reduzido nas duas últimas décadas. Esta é uma prova cabal de que a fome não é uma consequência da insuficiente produção de alimentos, mas da desigual distribuição da renda – haja vista que Estados Unidos e União Europeia mantêm, cada um, entre 10 e 15 milhões de hectares de terras em pousio, face a seus excedentes de produção.

Dentre alguns dos problemas mais preocupantes, em nível global, está a destinação a ser dada a toda sorte de resíduos, sobretudo os radioativos, o efeito estufa, as chuvas ácidas, a destruição da camada de ozônio, as alterações macroclimáticas resultantes da ação antrópica, a velocidade de degradação e contaminação dos recursos naturais (solo, água, fauna e flora) por agentes químicos e metais pesados, o êxodo rural, o desemprego e a marginalização social. E em praticamente todas essas esferas, o modelo da "revolução verde" tem alguma dose de contribuição.

No âmbito mais estrito da agricultura carecem ser avaliados, em maior profundidade, o custo-benefício da revolução verde nos trópicos, e quais os reais impactos:

– da monocultura sobre a estabilidade ecológica e biológica dos agroecossistemas;

– da fertilização química com produtos minerais altamente concentrados e solúveis;

– da mobilização mecânica e intensiva dos solos tropicais sobre suas características físicas, químicas e biológicas;

– dos agrotóxicos sobre a poluição do ambiente, dos alimentos, a intoxicação de agricultores, trabalhadores rurais e consumidores urbanos;

– os socioeconômicos resultantes da opção por uma base tecnológica altamente dependente de capital e energia em uma realidade de baixa disponibilidade financeira, relativa oferta de mão de obra e grande oferta de terras e de energia solar;

– da mecanização do processo produtivo agrícola sobre a redução dos postos de trabalho no campo, o êxodo rural, a urbanização anárquica e a marginalização social de grandes contingentes populacionais;

– do perfil e da baixa eficiência da matriz energética da "moderna" agricultura em relação à utilização de outras fontes energéticas alternativas até aqui não devidamente relevadas, e às opções de autoprodução de energia pelo próprio setor.

E a se depreender dos resultados das inúmeras e crescentes iniciativas de produção orgânica em curso na esfera da sociedade civil e das Organizações Não Governamentais (ONGs), os chamados "insumos modernos" estão se mostrando desnecessários ao processo produtivo.

8. Os impactos da revolução verde

Se na década de 1970 o país vivia a euforia do milagre econômico, contando a agricultura com crédito farto e subsidiado e demais estímulos à expansão da fronteira agrícola e da produção, foi também a década em que afloraram as contradições do processo da modernização do setor.

Afora os impasses socioeconômicos, surgiam as primeiras críticas sobre os impactos ambientais de tal opção, traduzidas na devastação florestal resultante da incorporação de novas áreas ao processo produtivo, na degradação dos recursos edáficos e hídricos com a mecanização intensiva do solo e uso indiscriminado de agroquímicos, a contaminação dos alimentos e intoxicação dos trabalhadores rurais por agrotóxicos.

Estudo realizado pelo Instituto Florestal no Estado de São Paulo mostrou que com o desmatamento desenfreado restavam no Estado apenas 8% de matas naturais, concentradas basicamente na Serra do Mar (Victor, 1980).

Em fins da década de 1970 e início dos anos 1980, pesquisas realizadas sobre os impactos da mecanização e dos agrotóxicos sobre o ambiente e o ser humano foram dadas a público. Estudos sobre a erosão no Paraná comprovavam que no Estado estava se perdendo 1 cm de solo ao ano nas áreas sob cultivo agrícola, cujo processo de formação levava em torno de 400 anos.

Estudos do Instituto Adolfo Lutz, São Paulo, constataram elevada concentração de organoclorados no leite das mulheres gestantes, contaminadas através da ingestão de alimentos (Lara, 1982). Análises realizadas pelo Instituto de Tecnologia de Alimentos de São Paulo (ITAL-SP) identificaram resíduos de agrotóxicos em laticínios, embutidos e outros produtos industrializados das principais marcas comercializadas no mercado (Yokomizo, 1979, 1984). Análises de hortaliças e frutas coletadas no Ceagesp* pelo Instituto Biológico identificaram problemas de resíduos tóxicos elevados em um número expressivo de amostras (Húngaro *et al.*, 1980).

Levantamentos realizados na Amazônia comprovaram o uso do agente laranja** pela Eletronorte*** no controle de plantas invasoras sob suas linhas de transmissão (Pinheiro, 1989).

Esses são alguns dos elementos que influenciaram o surgimento, em meados da década de 1970, do Movimento de Agricultura Alternativa (MAA), nos espaços da agronomia, como uma opção ao modêlo da revolução verde. Até então, os críticos do modelo agrícola brasileiro centravam suas análises nas questões econômicas, sociais e fundiárias, mas não tinham nenhuma restrição ao padrão agroquímico.

A superação dos problemas centrais da agricultura moderna está a demandar orientações distintas das que pautam o padrão tecnológico convencional, fundado na produtividade máxima e na rentabilidade financeira, mas que não releva devidamente as externalidades negativas do agro nas esferas produtiva, energética, ecológica e social.

---

* Companhia de Entrepostos e Armazéns Gerais de São Paulo. É uma das principais empresas estatais brasileiras de abastecimento.

** Herbicida à base de 2-5-4-T, produto amplamente propagado pelos EUA na Guerra do Vietnã, cujo uso foi condenado por ser comprovadamente carcinogênico, mutagênico e teratogênico.

*** Eletronorte – Centrais Elétricas do Norte do Brasil S/A – é uma empresa do setor elétrico do Brasil.

II. OS APORTES DA AGROECOLOGIA

1. As premissas de uma agricultura sustentável

O conceito de sustentabilidade no campo da agricultura é válido e útil, apesar de bastante desgastado por sua falta de precisão e pela forma como tem sido utilizado por distintos atores em distintos contextos, para se referir muitas vezes a interesses antagônicos aos que ele pressupõe.

A sustentabilidade na agricultura implica em um conjunto de preocupações quando assumida enquanto um sistema na esfera energética, econômica, social e ecológica. E a relação entre a agricultura, o ambiente global e o desenvolvimento rural depende da interação entre os subsistemas biofísico, técnico e socioeconômico (Altieri e Nicholls, 1998).

Para os autores existem muitas definições de agricultura sustentável, e dentre alguns objetivos comuns à maioria delas relacionam-se:

– Produção estável e eficiente de recursos produtivos;
– Segurança e autossuficiência alimentar;
– Uso de práticas agroecológicas ou tradicionais de manejo;
– Preservação da cultura local e da pequena propriedade;

– Assistência aos mais pobres através de processos de autogestão;

– Participação da comunidade na definição da direção do seu desenvolvimento;

– Conservação e recomposição dos recursos naturais.

O desenvolvimento do conceito de agricultura sustentável é uma resposta relativamente recente à preocupação com a degradação dos recursos naturais associada à agricultura moderna. E ele incorpora a ideia de se desenvolver agroecossistemas com uma dependência mínima de insumos agroquímicos e energéticos, e enfatiza as interações e sinergismos entre seus vários componentes biológicos, no foco da eficiência biológica, econômica e da proteção do meio ambiente.

Questão central no desenvolvimento de uma agricultura sustentável diz respeito a um entendimento profundo da natureza, dos agroecossistemas e dos princípios que governam seu funcionamento. Neste sentido, a agroecologia se constitui em uma área da ciência que se fundamenta nos princípios ecológicos básicos para estudar, desenhar, manejar e avaliar os agroecossistemas de um ponto de vista integral, incorporando as dimensões culturais, sociais, econômicas, biofísicas e técnicas (Altieri, 1994).

A consecução de uma produção agrícola sustentável é função de um balanço apropriado dos solos, cultivos, nutrientes, luz solar, umidade e dos sinergismos entre os organismos existentes. Quando este balanço e condições ótimas prevalecem, as plantas cultivadas se tornam mais resistentes para tolerar o estresse e a adversidade.

Para Altieri (1994), um comportamento ótimo dos sistemas de produção agrícola depende do nível de interações entre seus vários componentes. As bases ecológicas preconizadas pela agroecologia contemplam a conservação da biodiversidade, inclusive na perspectiva do restabelecimento do equilíbrio ecológico dos agroecossistemas, e de se alcançar uma produção sustentável.

Requisitos básicos de um sistema sustentável são a conservação dos recursos renováveis, a adaptação dos cultivos ao ambiente, a manutenção de um nível alto e estável de produtividade.

E, para se alcançar a sustentabilidade ecológica em longo prazo, mais que a produtividade de curto prazo, deve-se buscar:

– reduzir o uso de energia e recursos;

– empregar métodos de produção que restabeleçam os equilíbrios homeostáticos que conduzam à estabilidade da comunidade, otimizando as taxas de reciclagem da matéria orgânica e dos nutrientes, a capacidade de multiuso do sistema e o fortalecimento de um fluxo eficiente de energia;

– fomentar a produção local de alimentos, adequados ao entorno socioeconômico e cultural;

– reduzir custos, aumentar a eficiência e a viabilidade dos pequenos e médios agricultores, fomentando um sistema agrícola potencialmente resistente e diversificado.

Para Cox e Atkins (1979), um agroecossistema sustentável possui características similares a um ecossistema fundamental maduro, caso da alta diversidade de espécies, cadeias e interações tróficas complexas; ciclos minerais relativamente fechados que capturam nutrientes e evitam sua lixiviação; uma relação de produtividade que decresce quando a energia é utilizada mais para a manutenção do sistema que para a produção de fitomassa adicional.

A manutenção de populações estáveis de insetos patógenos e invasores depende da diversidade e eficiência dos predadores, parasitas, competidores e antagonistas; e da decomposição da matéria orgânica que depende, não só da diversidade de micro-organismos e invertebrados, mas também das complexas interações entre os organismos do solo. E também do clima, que determina fenômenos e processos muito distintos entre as realidades tropicais, subtropicais, temperadas e frias.

Objetivo buscado na agroecologia no manejo de agroecossistemas é a redução da dependência de insumos e energia vindos de fora da propriedade, através da compatibilidade do processo produtivo com a conservação dos recursos naturais, a busca do equilíbrio biológico e da eficiência energética da unidade produtiva (USDA, 1985; NRC, 1989); e a elevação da fertilidade do solo via otimização da produção e reciclagem da biomassa, e a otimização do uso dos recursos disponíveis internamente no sistema propiciam a redução da dependência da agricultura de energia externa.

2. A abordagem sistêmica

O enfoque sistêmico pode ser utilizado para as mais distintas situações ou campos temáticos, desde que definido corretamente o objeto a ser analisado, e caracterizados os objetivos que se pretende alcançar. Tal conceito pode ser aplicado ao sistema solar, a um automóvel, a um vegetal, a um animal, à propriedade agrícola, a um setor da economia.

Ao se buscar entender, estudar, avaliar, idealizar, planejar e/ou orientar uma realidade qualquer, um estabelecimento, uma propriedade agrícola, ou mesmo uma região, deve se buscar visualizar o objeto da análise enquanto um sistema, em toda sua extensão e dimensões: produtiva, ecológica, energética, econômica e social. Um referencial analítico sistêmico na agricultura contempla a análise dos fluxos de matéria e energia internos ao sistema, suas entradas e saídas, assim como as relações entre a produção e a conservação dos recursos naturais da unidade produtiva.

Nas relações à montante de um sistema agrícola (convencional) se destaca, principalmente, a energia na forma de insumos utilizados na produção, e à jusante um mercado dominado pelos setores industrial e comercial, em muitas situações oligopolizado. Essa hegemonia define como se dá a apropriação da riqueza gerada a partir da produção primária, entre os distintos atores envolvidos na cadeia alimentar.

Um ecossistema pode ser definido como: "um sistema de organismos vivos e o ambiente com o qual trocam matéria e energia" (Sutton e Harmon, 1976), ou como:

> uma unidade que abrange todos os organismos vivos que funcionam em conjunto numa dada área, interagindo com o ambiente de tal forma que o fluxo de energia produza estruturas bióticas claramente definidas e uma ciclagem de materiais, entre as partes vivas e não vivas (Odum, 1983).

Tais conceitos embutem dois aspectos fundamentais a qualquer sistema que se pretenda analisar: sua *estrutura* e sua *função*.

A *estrutura* está relacionada com o arranjo dos componentes do sistema e a *função* com o como atua o sistema (Hart, 1985). Para Gastal (1980), a estrutura de um sistema é o conjunto das relações entre seus elementos. Assumido o automóvel como um sistema, por exemplo, um amontoado das peças que o compõem não o caracteriza enquanto um sistema. É necessário um ordenamento das peças, uma *estrutura*. O mesmo pode-se dizer dos tijolos, telhas, madeira, canos etc. necessários à construção de uma casa. Há que ocorrer um arranjo de tais componentes, uma *estrutura*, para que o sistema casa se caracterize.

O outro aspecto diz respeito à *função* que determinado arranjo de componentes se presta: um conjunto de azulejos, de tijolos, de árvores ou de animais pode-se prestar a distintas funções: funcionais, ornamentais, produtivas etc. Agroecossistemas são os sistemas que têm a *função* de produzir alimentos, fibras, e/ou energia.

Masera *et al.* (1999) sustentam que ao se avaliar a sustentabilidade de sistemas de manejo de recursos naturais, deve-se ponderar a sustentabilidade segundo sistemas de manejo específicos em determinado lugar geográfico, sob determinado contexto social e político, e em uma escala espacial previamente determinada. Seja ela uma parcela, uma unidade de produção, uma comunidade ou uma microbacia. E, em relação aos atributos da sustentabilidade, os releva em relação à produtividade, adaptabilidade, estabilidade, confiabilidade, resiliência, equidade, autonomia e autogestão.

Cinco elementos são fundamentais quando se quer analisar e/ou intervir em um sistema qualquer. São eles: o limite do sistema, os seus componentes, as interações existentes entre eles, as entradas e as saídas do sistema.

Os *limites* devem estar claramente definidos, para que possam ser identificados e dimensionados os componentes do sistema, suas entradas, saídas, interações e demais indicadores de eficiência, estabilidade, sustentabilidade etc.

Os *componentes* se constituem nos elementos básicos de um dado sistema, determinantes de sua estrutura. Se estabelecermos como universo de nosso interesse o corpo humano, seus componentes são os ossos, os órgãos, o sangue, os tecidos que o compõem. Caso nosso objeto de análise seja uma propriedade agrícola, seus componentes se constituem nas atividades e explorações presentes nela, nos investimentos aí existentes, nos recursos humanos que a geram e a operam.

As *interações* são as existentes entre os componentes do sistema, incluindo todos os fluxos/intercâmbios de matéria e energia. Principalmente nos processos onde a vida está presente, existe a possibilidade de ocorrência de um número muito amplo de interações entre os elementos que o compõem, envolvendo os meios biótico e abiótico.

Hipoteticamente pode existir um sistema fechado, sem qualquer interação com o exterior que o circunda. Mas na prática todos os sistemas apresentam alguma interação com o exterior. As interações entre os componentes de um dado sistema podem ser de cadeia direta, indireta ou cíclica.

As *entradas* se referem a todos os materiais e energias exógenas que entram no sistema em consideração. Podem ser de ordem energética (térmica, radiante, hídrica, eólica), trabalho, insumos, materiais, capital.

As *saídas*, que em última instância refletem os objetivos do sistema, se constituem nos produtos (energia), na forma de insumos e matérias-primas para o setor secundário, geralmente produtos vegetais e animais *in natura*. Além da informação e conhecimentos, e eventualmente trabalho e serviços.

Em termos estruturais interessa saber como o sistema (agroecossistema ou região) está organizado, quais atividades e/ou explorações o compõem, qual a dimensão e a extensão de cada uma, como são conduzidas, seja ela vegetal, animal, extrativista, áreas florestais ou de preservação.

Identificados os componentes do sistema em foco, é necessário se caracterizar também as relações existentes entre eles, suas interações, suas relações diretas ou indiretas, quais interações potenciais não estão sendo praticadas ou otimizadas.

Outro foco da análise contempla a caracterização das entradas que ocorrem no sistema para sua operacionalização. E aí se inclui as sementes, mudas, agroquímicos (fertilizantes e agrotóxicos), matrizes, reprodutores, rações, medicamentos, vacinas, combustível, lubrificantes, além da mão de obra externa, capital, informações e conhecimentos.

Outra dimensão da análise diz respeito às saídas do sistema, basicamente a produção, seus volumes, quantidades, tipos, qualidade, destino. Eventualmente podem existir saídas de trabalho e de capital para outros sistemas ou setores da economia.

Há que se considerar que um sistema agrícola opera sobre uma base de recursos naturais (solo, flora, fauna, água) e a depender dos processos pelos quais é conduzido, pode redundar em benefícios ou malefícios sobre os recursos naturais que lhe dão suporte.

Figura 1 – Elementos de um agroecossistema

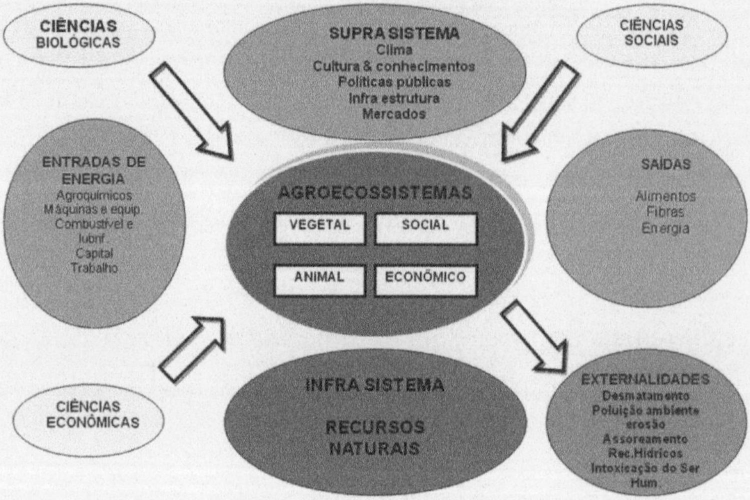

Fonte: Costa, 2003, adaptado de Hart, 1985.

Na relação do sistema com a base de recursos naturais que lhe dá sustentação – isto é, nas relações infrassistema – é demandada uma caracterização e análise detalhada dos processos adotados na condução do agroecossistema e de seus distintos componentes, quanto à sua adequação ou não à ecologia local, e à conservação dos recursos naturais que o suportam. Os manejos adotados em relação ao solo, à flora e aos recursos hídricos são focos centrais em tal análise.

Para um correto entendimento do sistema é necessário também se identificar e caracterizar as relações suprassistema. Aí estão inseridas as questões relativas à infraestrutura de comunicação e transporte, os mercados, valores, culturas, tradições, aspectos sócio-organizacionais, as políticas agrícolas, e também o clima. Este é um elemento fundamental para se definir a orientação genética da produção, o que e como plantar e criar em cada situação edafoclimática e socioeconômica específica.

A visão do sistema em suas diferentes dimensões, a análise de sua estrutura e função, a identificação das inter-relações intra e extrassistema, constituem elementos básicos para se compreender e avaliar a sustentabilidade da agricultura (Conway, 1993, *in* Darolt, 2000).

Os métodos de avaliação da agricultura não podem se restringir apenas à produtividade das distintas atividades e explorações, à rentabilidade e à inovação tecnológica. A agricultura perpassa muitos outros aspectos, campos e características relativas à produção e aos agroecossistemas que vão interferir em seu comportamento, sustentabilidade,* estabilidade,** equidade,*** e na relação com outros sistemas.

3. Os pressupostos da agroecologia

Ao contrário das ciências exatas, em que a interação entre dois ou mais elementos ou componentes é tratada de forma estreita,

* É a habilidade de um agroecossistema manter a produção através do tempo, na presença de repetidas restrições ecológicas e pressões socioeconômicas.

** Diz respeito à constância da produção frente a um grupo de pressões ambientais, econômicas e de manejo.

*** Se refere ao grau de uniformidade com que são distribuídos os produtos do agroecossistema entre os produtores e os consumidores.

pré-determinada, a agroecologia se pauta por uma abordagem mais ampla.

Busca incorporar em seu referencial analítico toda a complexidade circunscrita a determinado processo ou fluxo, em que interagem energia e matéria, e que no âmbito biótico se traduzem nas células, tecidos, órgãos, indivíduos e populações.

Em sua dimensão produtiva a agricultura se constitui em uma atividade de caráter eminentemente biológico, complexo, determinado por uma série de relações entre os distintos níveis tróficos, entre o mundo vegetal e animal, entre o meio biótico e abiótico, que se materializa nas mais distintas realidades ecológicas, sociais, culturais e econômicas.

Mas as ciências agrárias adotaram uma abordagem e um referencial analítico e operacional compartimentado da realidade, centrado na especialização, que tem sido importante para o avanço do conhecimento científico e tecnológico mais específico, mas que não dá conta de analisar a agricultura em toda sua abrangência, dinâmicas, impactos, eficiências e ineficiências. Tal referencial, cartesiano e reducionista, está se mostrando limitado e insuficiente à análise abrangente das externalidades do setor e suas causas, assim como na identificação das alternativas passíveis de minimizar, mitigar ou superar os impactos negativos da agricultura nas esferas econômica, social e ambiental (Costa, 1995).

Em contraponto a tal paradigma, colocam-se os aportes da agroecologia, entendida e assumida de distintas formas e âmbitos. Para uns se constitui em uma nova forma de produzir, e nesta esfera se releva a produção propriamente dita, mais voltada ao mercado especializado de produtos orgânicos. É entendida também enquanto um movimento social, no Brasil bastante expressivo e organizado em suas várias regiões, e materializado na Associação Brasileira de Agroecologia (ABA), na Articulação Nacional de Agroecologia (ANA), na Rede Ecovida de Certificação Participativa na região Sul, na Assessoria e Serviços a Projetos de Tecnologia Alternativa (ASP-TA), dentre outros.

A agroecologia é também assumida enquanto uma nova área da ciência, com crescente expressão nas esferas da educação, da pesquisa e da extensão rural. O Brasil já conta com cerca de cem iniciativas de ensino médio em agroecologia, e quatro de nível superior, estas nos Estados de Minas Gerais, Paraíba, Paraná e São Paulo (Aguiar, 2013).

O termo agroecologia surgiu nos anos 1930, formulado por ecólogos, para designar a ecologia aplicada à agricultura. Os estudos ecológicos, todavia, estavam à época mais centrados nos sistemas naturais, ficando a cargo dos agrônomos as pesquisas aplicadas na esfera da agricultura.

Nos anos 1950, com o amadurecimento do conceito de ecossistema, a ecologia agrícola ganha maior expressão e parcela dos agrônomos passam a internalizar em seus trabalhos os conteúdos da agroecologia.

Nos anos 1960 e 1970, ganham ímpeto as pesquisas sobre populações e comunidades, quando as bases da ecologia crescem rapidamente. A partir dos estudos dos sistemas naturais de cultivo, estabelece-se a base conceitual e a metodologia de estudo de agroecossistemas, que vêm a fundamentar na agroecologia o desenvolvimento do conceito de sustentabilidade na agricultura (Gliessman, 2000).

A ciência agroecológica fundamenta-se em um referencial teórico e analítico sistêmico, holístico, interdisciplinar, através do qual busca conhecer, pesquisar, identificar, validar e difundir princípios, orientações e alternativas que possibilitem se chegar a uma agricultura efetivamente sustentável, em suas dimensões produtiva, ecológica, energética, social, cultural e econômica (Costa, 2003).

A agroecologia incorpora os conhecimentos acumulados no campo da ecologia – assim como os saberes das populações tradicionais – em sua busca de saídas para os impactos causados pela agricultura contemporânea, na sua relação com o meio ambiente e com as dimensões produtiva, ecológica, energética, econômica, financeira, e sociocultural do sistema em foco.

A figura anterior expressa os elementos e campos a serem considerados em uma análise sistêmica, assim como a inserção das distintas áreas do conhecimento para o entendimento e a intervenção em um sistema qualquer.

A Agroecologia tem uma visão crítica sobre os processos agrícolas da atualidade, pois se pauta por princípios e conteúdos capazes de contribuir efetivamente para a superação da problemática socioambiental inerente à agricultura, precipuamente suas externalidades não relevadas como negativas no cálculo do PIB agrícola, mas que a sociedade como um todo paga por elas.

Enquanto uma área da ciência,

> a agroecologia pode ser definida como a disciplina científica que enfoca o estudo da agricultura sob uma perspectiva ecológica e com um marco teórico cuja finalidade é analisar os processos agrícolas de forma abrangente. O enfoque agroecológico considera os ecossistemas agrícolas como as unidades fundamentais de estudo; e nestes sistemas, os ciclos minerais, as transformações de energia, os processos biológicos e as relações socioeconômicos são investigadas e analisadas como um todo (Altieri, 1989).

Agroecossistemas podem ser considerados como verdadeiros sistemas cibernéticos,* nos quais o objetivo é incrementar seu

* Relativo ao processo de comunicação entre os sistemas tecnológicos, biológicos, sociológicos e econômicos.

valor social. Isto é alcançado através de uma gama de estratégias que combinam diferentes níveis de produtividade, estabilidade, sustentabilidade e equidade. Em relação aos sistemas naturais, os agroecossistemas se caracterizam por um limitado conjunto de propriedades dinâmicas, que podem ser descritas não somente por seus comportamentos essenciais, mas que podem ser usadas normalmente como indicadores de performance. Desta forma serem empregadas no planejamento e avaliação de projetos de desenvolvimento, em todos os níveis de intervenção.

Os processos ecológicos básicos – competição, herbivoria e predação – permanecem válidos, mas eles são agora circunscritos e regulados por processos de cultivos agrícolas, subsídios, controles, colheitas e mercados. Sua consequência é que o sistema adquire uma dimensão socioeconômica. E este novo sistema complexo agro-sócio-econômico-ecológico, contemplando suas diversas dimensões, é o que se denomina agroecossistema (Conway, 1987).

A complexidade crescente dos processos inerentes à sociedade e o avanço do conhecimento humano têm resultado na criação de novos campos da ciência e de áreas tecnológicas envolvendo novos paradigmas e metodologias e, no bojo desse desenvolvimento, novos perfis profissionais.

Nas ciências exatas, por exemplo, a ampliação do universo dos conhecimentos da mecânica e da eletrônica e de suas interfaces levou à criação da área técnico-científica da mecatrônica – que incorpora os acúmulos de ambas as ciências e que conta com curso superior correspondente.

Analogamente, os avanços do conhecimento agronômico e do ecológico apontam para a dimensão e a relevância da agroecologia, no propósito de aproximar e integrar os conteúdos de ambos em uma perspectiva interdisciplinar. E é neste plano que se vê a necessidade de um embasamento técnico-científico metodológico e analítico abrangente e interdisciplinar, para uma análise acurada da realidade, das políticas e ações voltadas à agricultura.

4. A dimensão energética

Um sistema produtivo pode ser avaliado através de seus estoques e fluxos de elementos físicos, materiais esses que são traduzidos em valores monetários quando se analisa sua dimensão econômica; e em sua dimensão energética também em calorias, quando calcula-se a sua quantidade inerente aos fluxos de matéria e energia que ocorrem no interior do sistema, e de suas relações à montante e à jusante.

Na análise da dimensão energética de um sistema agrícola se distinguem os *aportes energéticos ecológicos* originados da energia solar, e os *aportes culturais de energia*. Estes se subdividem em *aportes biológicos*, abrangendo os organismos vivos, o trabalho humano e animal; e em *aportes industriais*, incluindo a energia mecânica e os insumos obtidos a partir da energia fóssil.

A energia ecológica e a energia cultural biológica se constituem em fontes de energia renovável; a energia cultural industrial é uma fonte não renovável.

Nos sistemas de agricultura de roçado, onde o trabalho humano se constituía na única forma de energia adicionada ao processo, a relação entre energia investida e a produzida em alimentos variava de 10:1 a 40:1. Nos sistemas onde a fonte básica de energia é a tração animal também há um balanço energético positivo, da ordem de 3:1 a 5:1. Nos sistemas produtivos capital intensivos, onde o grande aporte de energia é originário de fontes industriais, a eficiência energética é significativamente baixa ou mesmo negativa, a depender da cultura considerada (Rappaport, 1971; Pimentel, 1980; Gliessman, 2000).

Estudos energéticos realizados sobre a evolução da cultura do milho nos EUA entre 1940 e 1970, quando ocorreram alterações substanciais na tecnologia de produção do cereal, comprovam que apesar de sua produtividade ter crescido significativamente, a eficiência energética declinou. Enquanto em 1940 para cada caloria injetada no processo se produziam 3,7 calorias em milho, em 1970 tal relação era de apenas 2,8. Em três décadas ocorreu um incremento da produtividade da cultura de 240%, mas sua eficiência energética decresceu, pois com o elevado aporte de insumos demandados pela "modernização", se dispendeu mais energia em insumos do que os acréscimos em energia embutidos no incremento da produção. Afora a crescente insustentabilidade do processo, na medida em que aportes biológicos (trabalho humano, animal e estercos) renováveis têm sido substituídos por aportes industriais não renováveis (mecanização e agroquímicos). (Pimentel, 1982).

Pimentel aponta que nos EUA o combustível fóssil é a mais importante matéria-prima utilizada na agricultura moderna, enquanto a mão de obra é pouco utilizada (cerca de 9 horas/acre cultivado); que no sistema agrícola tipo "revolução verde" tem ocorrido problemas com a produção, especialmente no que se refere a pragas e doenças; que para a redução da demanda de energia decorrente da utilização de fertilizantes e pesticidas químicos e o incremento de sua eficiência energética, devem ser adotadas tecnologias alternativas como a rotação de culturas, a adubação verde e um melhoramento genético voltado à resistência a pragas e doenças (Pimentel, 1982).

Outros estudos sobre a cultura em Indiana, EUA, mostram que 90% da energia industrial aportada é oriunda da energia fóssil, e menos de 2% representa a energia biológica renovável na forma de trabalho humano (Doering, 1977).

Análise da safra agrícola paulista de 1978/1979 indica que praticamente 80% da energia vinda de fora era originária do petróleo, onde os combustíveis representavam 38,1%, e 41,5% se referiam aos agrotóxicos e fertilizantes nitrogenados (Castanho Filho *et al.*, 1982). A pesquisa considerou o balanço energético das operações realizadas dentro da propriedade, do plantio à colheita. Para as 21 atividades estudadas (vegetais e animais),* para cada caloria injetada no processo se produzia 1,2 caloria em alimentos. E considerados os gastos energéticos até o produto chegar à mesa do consumidor, a relação chegava a praticamente 5:1.

Sob a ótica energética, a agricultura convencional está usando hoje mais energia do que a que o alimento contém em si, e a maior parte da energia investida advém de fontes finitas. Se a estratégia para satisfazer a demanda de alimentos da crescente população mundial continuar a depender destas fontes, diversos problemas críticos começarão a aparecer, alguns ecológicos, outros econômicos e sociais (Gliessman, 2000).

Em termos ecológicos, as explorações animais são menos eficientes que as vegetais, conquanto os animais se situem em um segundo nível trófico (consumidores heterotróficos), seja nos sistemas extensivos, e mais ainda nos sistemas intensivos, caso dos confinamentos, onde a nutrição é realizada, em larga medida, com produtos processados e passíveis de consumo humano.

É relevante se analisar também a produção agrícola em relação à sua matriz e perfil energético, os fluxos e demandas de energia renovável e não renovável, quais aportes energéticos internos aos agroecossistemas não estão sendo otimizados em detrimento de aportes externos, que geralmente geram impactos ecológicos e sociais negativos.

---

* Que correspondiam a mais de 99% do valor global da safra agrícola estudada.

Há que se destacar que nas regiões tropicais, dadas as condicionantes térmicas, hídricas e luminosas, se produz até 6 vezes mais biomassa por unidade de área. Daí a agroecologia pressupor na orientação dos agroecossistemas a otimização da produção de biomassa e sua reciclagem de forma eficiente. Com isso se contribui para a captura do carbono atmosférico pela biomassa e pelo solo, melhorando suas características físicas, químicas e biológicas, e reduzindo concomitantemente a entrada de energia cultural.

5. A dimensão econômica

Na economia, Schumaker questiona os poderes ilimitados da ciência e da tecnologia, e o fato do homem moderno não se entender como uma parte da natureza, mas como uma força exterior destinada a dominá-la e a conquistá-la, sendo incapaz de distinguir entre renda e capital, onde tal distinção mais importa.

Pelo fato do capital proporcionado pela natureza não ser reconhecido como tal, mesmo se constituindo em uma parte muito maior do que o representado pelo vasto acervo de conhecimentos técnicos, científicos e outros. Isso ocorre pela requintada infraestrutura material e pelos inúmeros tipos de sofisticado equipamento de capital; ele está sendo consumindo em ritmo alarmante e estão sendo introduzidas na natureza substâncias desconhecidas que alteram o meio ambiente e que tendem a acumular-se. As consequências deste acúmulo em longo prazo, em muitos casos são extremamente perigosas e, em outros, totalmente imprevisíveis.

Schumaker advogava a necessidade da reconciliação do homem com o mundo natural, e em vez das políticas que buscam a urbanização, deveria se buscar reconstruir a cultura rural, a ocupação lucrativa da terra por maior número de pessoas, em regime de tempo integral ou parcial, e orientar todas as ações produtivas no sentido da permanência do homem no campo.

A ênfase de Schumaker é na adoção da tecnologia intermediária em vez das tecnologias capital-intensivas, na qual seja privilegiado o uso de mais mão de obra e seja potencializado o uso dos recursos locais. Tal tecnologia, além de mais produtiva e mais barata do que a tecnologia requintada, estaria ao alcance de muitos, não só em termos financeiros, mas também em termos de educação, aptidões, capacidade organizacional etc. Um caminho mais compatível com a realidade do Terceiro Mundo, lançando-se mão de equipamentos mais simples, compreensíveis e adequados à manutenção e reparos no local.

Uma questão central é a criação de oportunidades de trabalho, conquanto o emprego é a pré-condição de tudo o mais, e o problema do desenvolvimento consiste em eliminar o abismo entre os ricos e os pobres; entre educados e os sem instrução, entre os homens da cidade e os homens do campo, o que inclui o abismo criado entre a indústria e a agricultura.

Para Schumaker (1981) a solução da pobreza mundial não está nas cidades, e se não for possível tornar tolerável a vida no interior, o problema da pobreza mundial será insolúvel e inevitavelmente piorará. O PNB é um índice profundamente enganador, levando a fenômenos que só podem ser classificados como neocolonialismo, pois muito mais grave é a dependência criada quando um país pobre se deixa seduzir pelos modelos de produção e consumo dos países ricos.

Merece menção a atualidade da obra de Schumaker, a partir da constatação de que tem aumentado a diferença de renda e dos padrões de consumo entre os países centrais e os países periféricos do Terceiro Mundo, que ao modernizarem suas agriculturas para atender ao modelo exportador promoveram um brutal êxodo rural. Os contingentes populacionais expulsos do campo estão hoje marginalizados nos centros urbanos, desempregados e subempregados, sem quaisquer perspectivas de reintegração ao processo econômico e de auferir uma renda mínima necessária à sua manutenção e reprodução.

6. A dimensão sociocultural

São várias as questões a serem analisadas sobre a dimensão social e cultural da agricultura – a começar pela distribuição da posse da terra e acesso aos demais meios de produção – no Brasil com um perfil bastante perverso, dada a má distribuição e a elevada concentração da terra.

É também relevante se ponderar as condições do trabalho no meio rural, notadamente os riscos ocupacionais na manipulação dos agrotóxicos, as condições formais e legais de contratação e remuneração, problema esse extensivo à qualidade dos alimentos produzidos, com elevada quantidade de resíduos tóxicos ao ser humano.

As condições sociais guardam também estreita relação com as condições de renda, precipuamente na esfera da agricultura familiar, segmento cuja renda historicamente vem se degradando, o que se reflete na degradação das condições de vida de tais famílias, e na elevada evasão de jovens do meio rural.

É relevante também na dimensão social os aspectos inerentes à organização social, produtiva e econômica dos distintos segmentos agrícolas, cuja organização incipiente guarda relações inclusive de ordem cultural.

Nesta esfera é relevante se ponderar como se dá o processo da circulação da mercadoria produzida no meio rural e quais os preços recebidos pelos distintos atores envolvidos, produtores, processadores e comercializadores da produção.

A agroecologia trabalha na perspectiva do agricultor produzir um alimento de qualidade, isento de resíduos tóxicos. Além disso, na medida do possível assumir o processamento e a comercialização direta, individualmente ou coletivamente, através de associações formais e informais ou cooperativas.

III. A CONSOLIDAÇÃO DA AGROECOLOGIA NO BRASIL

1. O surgimento do movimento de agricultura alternativa

Nos anos 1960 estavam em evidência nos países centrais os movimentos de contracultura e de contestação ao padrão tecnológico agrícola hegemônico, notadamente na Europa e EUA. Na França, as iniciativas eram orientadas segundo os princípios da "Agricultura Biológica" (Aubert, 1977); na Alemanha, era mais expressiva a corrente da "Agricultura Biodinâmica" (Koepf, 1983); nos países de língua inglesa, EUA e Inglaterra à frente, predominava a corrente da "Agricultura Orgânica" (Howard, 2007; Rodale, 1983); no Japão se identificava a escola da "Agricultura Natural" (Okada, 1984; Fukuoka, 1985).*

Tais movimentos de contestação ao padrão dominante tinham um viés eminentemente ecológico, não se atendo aos problemas sociais do agro que no primeiro mundo não tinham a mesma expressão que no terceiro face às políticas de subsídios ao setor.

Em 1968 era publicado no país o livro de Rachel Carson *Primavera Silenciosa*, o primeiro trabalho que apontava os impasses

* Para maiores informações sobre o tema sugere-se consultar o livro *Agricultura Sustentável*, de autoria de Eduardo Ehlers, 1996.

com o uso de agrotóxicos nos EUA, enfase nos organoclorados, sobre os quais se confirmavam seus efeitos carcinogênicos, mutagênicos e teratogênicos sobre animais; por uma ironia, o problema foi identificado na águia americana, símbolo do brasão daquele país, que estava sendo seriamente afetada em sua reprodução com o acúmulo de organoclorados no organismo (Carson, 1968).

Em 1972, era dado a público o Relatório do Clube de Roma, cuja principal conclusão era que no Planeta Terra não havia matérias-primas e energia para que toda a população adotasse os padrões de consumo então predominantes nos países desenvolvidos (Meadows, 1972)

Em 1974 foi publicado pela Editora da Universidade de São Paulo (Edusp) o livro *Populações, recursos e ambiente*, trabalho que também corroborava as teses do Clube de Roma (Erlich, 1974).

No Brasil, um dos críticos mais contundentes do impacto ecológico da modernização da agricultura brasileira foi José Lutzemberger, engenheiro agrônomo, executivo de empresa transnacional do ramo de agrotóxicos, que ao romper com o setor no início da década de 1970 retornou ao país, se engajou no movimento ambientalista e passou a atuar na Associação Gaúcha de Proteção ao Meio Ambiente Natural (Agapan), possivelmente a primeira ONG ecológica do país.

Passou a formular críticas ao modelo agrícola centradas no uso dos agrotóxicos, no desmatamento e na degradação do solo. Ele fez isso durante a ditadura civil-militar (1964-1985), quando as contestações políticas eram fortemente reprimidas, mas a crítica ambiental era permitida e tinha grande apelo e espaço na mídia. Suas ponderações levaram parte da categoria dos agrônomos a se questionar quanto aos conteúdos que pautavam sua formação básica profissional, centrada estritamente nos aspectos produtivos e financeiros da atividade, mas omissa no tratamento de suas dimensões sociais e principalmente ambientais.

No Manifesto Ecológico Brasileiro, publicado em 1976, Lutzemberger discute a crise de energia e de matérias-primas resultantes da Sociedade Industrial, em uma realidade de recursos planetários finitos, e refuta as premissas básicas da sociedade de consumo com sua ideologia de expansão e esbanjamento.

Segundo o autor,

> na natureza tudo está relacionado entre si, biosfera, atmosfera, hidrosfera e litosfera encontram-se integradas num sistema homeostático, isto é, um sistema equilibrado e autorregulado – a Ecosfera. As atividades antrópicas são parte inextrincável do funcionamento de Ecosfera e o que se convencionou chamar de *progresso* não é outra coisa que um incremento na rapina dos recursos naturais, sendo a sociedade moderna infinitamente mais destruidora do que algumas sociedades antigas, que desapareceram justamente porque fabricaram desertos (Lutzemberger, 1976).

Uma das contribuições de Lutzemberger foi trazer à discussão, entre os profissionais da agronomia, os problemas resultantes da mecanização; do cultivo de variedades genéticas selecionadas para a alta produtividade, mas vulneráveis aos estresses ambientais e à elevada exigência em agroquímicos – tecnologia essa que interessava às agroindústrias, mas incompatível com a ecologia tropical.

Outro mérito de Lutzemberger foi o de problematizar a questão ecológica no espaço agronômico e com a sociedade em geral, cujo ideário, até então, era centrado no enfoque reducionista da rentabilidade física e financeira da agricultura.

As teses defendidas por Lutzemberger, afins à corrente ecológica ecocêntrica, incorporavam muitos dos conteúdos apregoados por Georgescu-Roegen, que fundamenta a crítica ecológica da ciência econômica convencional e desempenha um papel decisivo na consolidação da economia ecológica.

A crítica ecológica mostra que o incremento da produtividade da agricultura capitalista moderna depende, crucialmente, da infravaloração dos *inputs* de energia dos combustíveis fósseis. Depende, também, do valor, nulo ou escasso, que se tem dado à contaminação por pesticidas e fertilizantes, e à perda de biodiversidade.

Na segunda metade da década de 1970 eram organizados os primeiros eventos sobre *agricultura alternativa*, promovidos por entidades de classe da agronomia, iniciativas que viriam a ter desdobramentos futuros quanto à sensibilização, capacitação e engajamento dos agrônomos no movimento ambientalista e nos movimentos sociais do campo.

Assumia-se o termo *agricultura alternativa* como abrangente às distintas correntes de contestação ao modelo dominante: agricultura biológica, natural, permacultura, orgânica, biodinâmica, dentre outras (Merrill, 1983).

2. A evolução da agroecologia no Brasil

Em 1979, foi publicado pela Fundação Getúlio Vargas (FGV) um dos primeiros trabalhos que fundamentavam cientificamente a crítica ao uso dos agrotóxicos pela agricultura na realidade tropical do país. Com um conteúdo agronômico e embasado na ecologia, o livro *Pragas, Praguicidas e a Crise ambiental: Problemas e Soluções*, de autoria de Adilson Dias Paschoal, correlacionava o incremento dos problemas com as pragas na agricultura à intensificação do uso dos venenos agrícolas. Além disso, ele classificava os praguicidas, em particular os organossintéticos, como os mais poderosos instrumentos humanos de simplificação, e consequentemente, de instabilização dos ecossistemas, principalmente pelos desequilíbrios biológicos causados por impactarem o ambiente através de sua translocação, interagindo com o ar, o solo, a água e todos os seres vivos, dentre eles o homem (Paschoal, 1979).

O desconhecimento dos princípios básicos da ecologia de populações, ligados aos mecanismos de crescimento e dinâmica populacional, conduziu espécies antes inócuas à categoria de pragas primárias de grande importância e de pragas secundárias, principalmente devido aos desequilíbrios biológicos causados pela eliminação dos inimigos naturais e competidores, caso dos ácaros fitófagos predadores agrícolas.

Paschoal constatou que, até 1958, havia na literatura brasileira a citação de 193 pragas; de 1958 a 1963 50 outras espécies de pragas foram citadas; e de 1963 a 1976 mais 350 espécies foram acrescidas à relação anterior. De 1958 a 1976 surgiram 400 novas pragas na agricultura brasileira, período que coincide com a intensificação no uso de agrotóxicos no país (Paschoal, 1979).

Também em 1979 é publicado outro livro que daria embasamento técnico e científico ao movimento da agricultura alternativa: *Manejo ecológico do solo: a agricultura em regiões tropicais*, de autoria de Ana Maria Primavesi. Engenheira agrônoma, formada na Áustria, professora na Universidade Federal de Santa Maria; com seu marido Artur Primavesi, falecido, compartilhava ideias e conceitos fundamentais à proposta da agricultura alternativa.

Sua obra aborda o manejo dos solos tropicais à luz dos padrões ecológicos de elevada biodiversidade, temperaturas e intemperismo, com um regime hidrológico de chuvas torrenciais determinante de solos ácidos, da elevada lixiviação de nutrientes, e de processos acelerados de degradação da matéria orgânica.

Primavesi advoga que o manejo dos solos tropicais deve ser realizado através do menor revolvimento possível, e que o aporte de macro e micro nutrientes deve ser feito através de produtos de baixa concentração e solubilidade. A nutrição vegetal deve ser orientada com base nas especificidades dos ciclos biogeoquímicos tropicais, assim como o manejo e a conservação da água no sistema, que pode ser significativamente melhorada com o manejo do microclima através dos recursos florísticos (matas ciliares, quebra-ventos, áreas de protação permanente) (Primavesi, 1980).

Tal abordagem ampliava substancialmente os preceitos até então vigentes, centrados no manejo intensivo do solo e no aporte de adubos minerais com elevada concentração e solubilidade, carros-chefe do padrão tecnológico agroquímico.

Outra obra relevante à fundamentação do Movimento de Agricultura Alternativa brasileiro seria publicada em 1985, *Plantas doentes pelo uso de agrotóxicos: a teoria da trofobiose*, de Francis Chaboussou.

Chaboussou discute os problemas de proliferação das pragas e doenças na agricultura concomitante ao aumento do uso dos agrotóxicos. Ele aponta como causas principais de tais problemas o estado nutricional desequilibrado das plantas e o efeito dos venenos agrícolas sobre o metabolismo e a fisiologia vegetal.

No referente aos agroquímicos, o autor destaca o efeito negativo dos herbicidas de solo sobre a fisiologia vegetal, por serem inibidores da proteosíntese, e identifica também efeitos negativos de uma série de venenos usados na agricultura. Há eventualmente casos de efeitos positivos dos agrotóxicos, que por conterem determinado elemento químico do qual a planta está deficiente, respondem, nestes casos específicos, como fertilizante (Chaboussou, 1985).

Em 1981, foi traduzido pelo Conselho Nacional de Desenvolvimento Científico e Tecnológico (CNPq) o Relatório e Recomendações Sobre Agricultura Orgânica, produzido pelo Departamento de Agricultura dos Estados Unidos (USDA), cujo objetivo era avaliar o "estado da arte" da agricultura orgânica nos Estados Unidos em fins da década de 1970. O Relatório define a agricultura orgânica como:

> um sistema de produção que evita, ou exclui amplamente, o uso de fertilizantes, pesticidas, reguladores de crescimento e aditivos para a alimentação animal, compostos sinteticamente. Tanto quanto possível, os sistemas de agricultura orgânica baseiam-se na rotação de culturas, resíduos de culturas, estercos animais, leguminosas, adubos verdes, lixo orgânico vindo de fora da fazenda, cultivo mecânico, minerais naturais e aspectos de controle biológico de pragas para manter a estrutura e a produtividade do solo, fornecer nutrientes para as plantas e controlar insetos, ervas daninhas e outras pragas.

O estudo constatou a existência de fazendas pequenas e grandes (de 10 a 1500 acres), produtivas, eficientes e bem administradas praticando agricultura orgânica. Tais agricultores utilizavam métodos modernos e a rotação de culturas, reciclavam eficientemente os resíduos, integravam a produção animal e vegetal, e através de práticas fitotécnicas bem conduzidas prescindiam do uso de agroquímicos. As fazendas orgânicas eram mais intensivas em mão de obra e usavam menos energia que as convencionais, tinham um retorno econômico um pouco inferior, mas conservavam os recursos solo e água segundo as melhores técnicas de manejo (USDA, 1984).

Publicação que também merece destaque na esfera técnica é o livro *Adubação verde no Sul do Brasil*, publicado pela AS-PTA em 1991, que consolidou os resultados aplicados e de pesquisa acumulados sobre tal prática nos Estados de São Paulo e do Sul do país até a década de 1980, regiões onde tais conhecimentos estavam mais avançados.

Trata-se de obra de valia àqueles que trabalham em campo junto aos agricultores. A adubação verde se constitui em prática agrícola relevante à consecução dos propósitos de uma agricultura sustentável em regiões tropicais na medida em que potencializa a produção de biomassa, melhora as características físicas, químicas e biológicas dos solos agrícolas fixando nitrogênio atmosférico ao solo através da ação de micro-organismos. Trata-se de um manejo vegetativo que propicia a cobertura do solo por um maior período do ano e controla os problemas com nematoides; a depender da orientação produtiva, através dela se pode planejar a retirada dos herbicidas do processo produtivo e a redução do manejo mecânico do solo (Costa, 1991).

Outra obra afim aos pressupostos da agricultura alternativa traduzida pela AS-PTA, em 1994, foi *Agricultura para o Futuro: uma introdução à agricultura sustentável e de baixo uso de insumo externos*, de Coen Reijntjes *et al.*, que retrata trabalhos desenvolvidos e/ou sistematizados pelo Centro de Informação para Baixo Uso de Insumos Externos e Agricultura Sustentável (Information Centre for Low External Input and Sustainable Agriculture [ILEIA]) na África e na Ásia, orientados segundo os pressupostos da Agricultura de Baixo Uso de Insumos Externos (Low External Imput Agriculture [LEIA]).

3. A dimensão energética

A eficiência energética da agricultura brasileira foi reduzida à medida que se incrementou o uso dos insumos químico-mecânicos, em substituição aos métodos biológicos de produção. Tal modelo tornou gravoso os custos de produção, em larga medida determinados pelas empresas fornecedoras de insumos à agricultura, em um país onde o poder aquisitivo impede o atendimento alimentar de amplos segmentos da população.

Em 1982, foi traduzido pela Empresa Catarinense de Pesquisa Agropecuária (EMPASC) o trabalho de David Pimentel *et al.*: *Produção de alimentos e crise energética*. E com base em tal metodologia foi realizado por Castanho Filho e Chabariberi, do Instituto de Economia Agrícola (IEA) o estudo *Perfil energético da agricultura paulista*, avaliando a eficiência energética das 20 explorações mais expressivas da agricultura paulista, incluindo a produção vegetal e animal.

Com as crises do petróleo de 1973 e 1979 a questão energética emergiu no Brasil, quando os gastos com as importações de petróleo evoluíram de 10,3% do valor das exportações em 1970, para 36,4% em 1974 e para 50,7% em 1980 (Rovere, 1983, citado por Albuquerque, 1985).

Tal crise redundou na elaboração da Política Energética Brasileira, cuja ação mais expressiva foi a criação do Pró-Álcool, que tinha como meta produzir 10,4 bilhões de litros de álcool (hidratado e anidro) em 1985. O Programa teve rápida expansão e dentre seus benefícios relacionam-se a redução da dependência externa de energia, a geração de emprego e renda, o desenvolvimento tecnológico endógeno, o menor potencial poluente do álcool em relação à gasolina e ao óleo diesel.

Seus vieses centrais foram a concentração da renda que promoveu e o deslocamento das culturas alimentícias para áreas distantes dos centros consumidores. O Pró-Álcool exacerbou a competição entre a produção de alimentos básicos e as culturas industriais e de exportação, com reflexos negativos no âmbito social (Rovere, 1983).

O Programa Nacional de Pesquisa em Energia tinha como diretrizes para a agricultura: a economia de insumos energéticos na agropecuária e silvicultura; o aumento da produtividade de biomassa e de "substâncias energéticas" (açúcares, amido, óleos e celulose) em espécies tradicionais e/ou em processo de introdução; o autossuprimento energético da propriedade rural; a substituição de combustíveis fósseis por aqueles provenientes da transformação da biomassa e do uso da energia solar e eólica no acionamento das máquinas agrícolas; o aproveitamento de resíduos na produção de combustíveis e fertilizantes; e a análise da economia energética na agropecuária e silvicultura (Richter *et al.*, citado por Unesp, 1985).

Dos quase cinco milhões de estabelecimentos rurais existentes em 1975, 59% usavam apenas a força humana no preparo do solo, 26% usavam tração animal e apenas 15% a tração mecanizada. A irrigação existia em apenas 3% dos estabelecimentos e os fertilizantes químicos e/ou orgânicos eram usados em 22% deles (IBGE, 1979, *in* Albuquerque, 1985).

Em janeiro de 1981, o CNPq realizou, em São Paulo, mesa redonda sobre as "Tecnologias Poupadoras de Insumos na Agricultura", que contou com a presença de cerca de vinte cientistas brasileiros que questionavam o modelo capital intensivo.

O documento final do evento propugnava pelo

> apoio a linhas de pesquisa que minimizassem o emprego de insumos e máquinas movidas a energia fóssil, o desenvolvimento de sistemas de produção técnica e economicamente viáveis, energeticamente sustentáveis, ecologicamente equilibrados e socialmente justos;

e apontava que

> a agricultura em bases ecológicas é um conjunto de conhecimentos, técnicas e enfoques resultantes da investigação científica, e de uso consagrado, aplicados no processo produtivo agrícola, com a finalidade de produzir alimentos sãos e baratos para o homem, em harmonia com a natureza (...) para a sustentação dos ecossistemas, reciclando energia, gerando e usando insumos e promovendo a plena integração do solo, planta, animal e homem. (CNPq, 1981)

Na ocasião foi sistematizado documento que estabelecia um roteiro de prioridades de pesquisa, abrangente aos campos da agricultura alternativa e das tecnologias poupadoras de insumos na agricultura.

O Documento Ação Programada em Ciência e Tecnologia – Produção Vegetal publicado pelo CNPq em 1982, tratava das prioridades do governo federal na esfera da Ciência e Tecnologia (C&T) Agrícola, assinalando que o esforço de geração tecnológica no país se orientou no sentido de favorecer determinadas culturas, a ponto de, em 1978, cinco delas (a cana-de-açúcar, cacau, café, soja e algodão) absorverem 52% dos investimentos totais em pesquisa. Tais culturas são as que mais utilizam os chamados insumos modernos, considerados, em última análise, a concretização da revolução tecnológica em curso na agricultura brasileira.

> Enquanto os produtos exportáveis demonstravam alguns ganhos de produtividade, os produtos domésticos apresentaram rendimentos declinantes ou estáveis. Torna-se, assim, necessário repensar a prioridade de pesquisa por produto, que além de visar o crescimento da oferta e da produtividade, considerando a poupança dos insumos químicos e o uso da mecanização (CNPq, 1982).

Como orientação de caráter geral para a pesquisa, o documento anteriormente mencionado relacionava uma nova orientação para o melhoramento genético; para a área de proteção de plantas às pragas, doenças e invasoras; para o enfoque da pesquisa voltada aos sistemas integrados de produção, dentre outros.

O importante a se resgatar é que a crise energética viria a desencadear uma conjuntura em que se abririam espaços para a reflexão e articulação de ações e iniciativas, no âmbito do poder público federal e da comunidade científica, compatíveis e afins ao ideário da Agricultura Alternativa.

4. A dimensão econômica

Enquanto para Schultz, Cummings, Mosher, Wortmann, Harwood e outros a tecnologia é o instrumento mais eficiente para transformar as economias camponesas, para Griffin e Fazer, a tecnologia é um instrumento que destrói tal segmento e leva à proletarização das famílias (citado por Carvalho, 1982).

Segundo Jéquier e Blanc, a pertinência da tecnologia só pode ser definida em face de certas circunstâncias econômicas, sociais, culturais e políticas. Tecnologias apropriadas podem ser caracterizadas pelo baixo custo dos investimentos por local de trabalho, baixo investimento de capital por unidade de produto, simplicidade organizacional, pequena escala de operações, alta adaptabilidade ao meio social e cultural, poupadoras de recursos naturais e pelo baixo custo final do produto (citado por Carvalho, 1982).

O desenvolvimento das forças produtivas na economia camponesa sem destruí-la implica que o desenvolvimento se faça em consonância com sua própria racionalidade enfatizando as tecnologias de processo; gere tecnologia nova ou aperfeiçoe aquela em uso, segundo a forma camponesa; supere o processo de fragmentação da terra com a reforma agrária; restaure as formas associativas de produção; fortaleça a organização camponesa no âmbito da comercialização dos produtos (Pinto, 1981, citado por Carvalho, 1982).

Em 1982 foi publicado o livro: *Questão agrária e ecologia: crítica da moderna agricultura,* de Francisco Graziano Neto, que resgatava as críticas ao processo de modernização capitalista no campo, aportadas por aqueles que identificava como "agraristas", criticando-os, todavia, por não incorporarem em suas análises a problemática ambiental resultante da moderna agricultura.

O livro trata dos impactos sociais resultantes da agricultura, aborda seus impactos ambientais, assim como as concepções das correntes ecológicas que abordam a problemática agrícola. Questiona, também, as escolas anarquistas e os ecologistas utópicos por não relevarem a dimensão política do processo capitalista que, em última instância, é o que determina o caminhamento da sociedade em geral, precipuamente na realidade de um capitalismo selvagem como o predominante no país. Suas colocações vão no sentido de que, qualquer que seja o modelo adotado, a preservação dos recursos naturais em longo prazo é fundamental à continuidade do processo de desenvolvimento econômico. Além disso, pondera sobre os avanços possíveis na sociedade a partir de um desenvolvimento científico e tecnológico orientado em outras bases, onde a conservação dos recursos naturais seja prioritária (Graziano Neto, 1982).

Também, em 1982, era publicado pelo Iapar* o documento Tecnologia socialmente apropriada: muito além da questão semântica, de Horacio Martins de Carvalho. Nele, é discutida a natureza monopolista dependente do desenvolvimento capitalista no Brasil, que estimula a importação de tecnologias requerentes de insumos e processos de elevada dependência de capital e poupadores de mão de obra. Isso toma lugar numa estrutura econômica que deveria privilegiar – ao menos naquela fase e em grande parte dos setores econômicos –, uma política de absorção intensiva de mão de obra. Trata, também, do papel que pode ser cumprido pelas tecnologias apropriadas.

Em contraposição ao modelo de desenvolvimento adotado no país que tem rebaixado o padrão de vida da maioria da população brasileira, aumentado a dependência científica e tecnológica e atrofiado a capacidade criativa da população, têm surgido propostas alternativas à orientação científica e tecnológica hegemônica, usualmente denominadas de tecnologia intermediária, de baixo custo ou apropriada.

O autor entende que a tecnologia apropriada não se constitui em apenas uma variante do pluralismo tecnológico ou em resposta empírica aos distintos estágios tecnológicos da produção e serviços, mas questiona a própria concepção de "modo de vida",

* Instituto Agronômico do Paraná, vinculado à Secretaria da Agricultura e do Abastecimento (SEAB), é o órgão de pesquisa que da embasamento tecnológico as políticas públicas de desenvolvimento rural do Estado do Paraná.

distinto daquele experimentado nos países em desenvolvimento e nos industrializados.

Sua motivação vai desde questões morais e críticas até a negação crítica do modo de reprodução ampliada do capital, na perspectiva de que a tecnologia não é neutra, mas produto de uma formação social histórica, cuja geração, transferência e adoção se faz a partir dos interesses dominantes (Carvalho, 1982).

5. A agricultura alternativa no espaço não governamental

Conquanto na esfera pública os trabalhos e pesquisas em agricultura alternativa e orgânica tenham tido um desenvolvimento relativamente lento e descontínuo, no âmbito da categoria agronômica, em um primeiro momento, e principalmente das ONGs a partir de meados da década de 1980, tais estudos viriam a ter grande e crescente expressão.

Em 1978 era criada a Cooperativa de Consumidores Coolmeia em Porto Alegre (RS), cuja preocupação central era com a alimentação saudável. No início a cooperativa comercializava produtos convencionais, mas com a emergência da crítica aos agrotóxicos, passaram a se questionar como ir além da crítica e como produzir sem veneno.* As primeiras iniciativas concretas de produção orgânica que se têm notícias surgiram na década de 1970 e localizavam-se nos Estados do Espírito Santo, Rio Grande do Sul e São Paulo.**

* Participaram da constituição da Coolmeia militantes naturistas, pacifistas, budistas. Alguns, tendo vivido na Europa em período anterior, tinham tido contato ou militado em movimentos afins à agricultura alternativa.

** No Espírito Santo em Cachoeira do Itapemirim (Hortão da Prefeitura Municipal – Nasser), no Rio Grande do Sul (Pedro Verde, e Eleimar Schmidt), e São Paulo em Campinas (Abério e Heraldo), Botucatu (Estância Demétria) e Cotia (Yoshio Tsuzuki).

Em fins da década de 1970, militantes da Sociedade de Agronomia do Rio Grande do Sul (SARGS) passaram a assessorar o poder legislativo estadual na elaboração da primeira Lei de Agrotóxicos do país, que depois viria a ser aprovada, com pequenas alterações, em outros 8 Estados brasileiros. Tal lei instituía a obrigatoriedade do receituário agronômico e um maior controle sobre o uso dos agrotóxicos na agricultura.

No mesmo período era constituído o Grupo de Estudos de Agricultura Alternativa* na Associação dos Engenheiros Agrônomos do Estado de São Paulo (AEASP), que organizou os primeiros eventos e cursos sobre a agricultura alternativa naquele Estado. Aí surgiu a ideia da realização do I Encontro Brasileiro de Agricultura Alternativa (I EBAA), que ocorreria em Curitiba, em abril de 1981, sob a coordenação da AEAPR, o qual contou com o patrocínio da Prefeitura Municipal da cidade.

Na segunda metade da década de 1970, segmentos progressistas da categoria agronômica haviam assumido a direção de entidades de classe nos Estados de São Paulo, Rio Grande do Sul, Bahia e Rio de Janeiro, grupo que no fim da década seria galgado à direção da entidade nacional, a Federação das Associações de Engenheiros Agrônomos do Brasil (FAEAB). Além das lutas classistas e de defesa da democracia, a FAEAB incorporou à pauta de discussão da categoria a crítica ao padrão tecnológico, à matriz energética e aos impactos ambientais da modernização da agricultura, que ganhou dimensão nacional.

O tema da agricultura alternativa passou a sensibilizar um número crescente de profissionais e estudantes das ciências

* No grupo de agricultura alternativa da AEASP participavam agrônomos, físicos, intelectuais, artistas, estudantes, ativistas do movimento ambientalistas, alguns também com vivência na Europa nos anos 1960/1970.

agrárias, emergindo, assim, o Movimento de Agricultura Alternativa (MAA), até então composto basicamente por agrônomos e estudantes da área.

Na década de 1980 surgiram outras ONGs no campo da agricultura alternativa, com trabalhos em outras esferas (assistência técnica e comercialização, por exemplo) e com outros tipos de agricultores, caso da Associação de Agricultura Orgânica (AAO-SP), Associação Mokiti Okada (MOA-SP), Associação de Agricultura Ecológica do Distrito Federal (AGE-DF), ganhando o MAA em abrangência e pluralidade.

Em 1983, se constituía o Projeto de Tecnologias Alternativas da Federação de Órgãos para a Assistência Social e Econômica (PTA/FASE), que posteriormente viria dar origem à Assessoria e Serviços a Projetos em Agricultura Alternativa (AS-PTA). Organizado por profissionais que retornavam do exílio na Europa, o PTA passou a atuar junto a movimentos sociais do campo em distintas regiões do país.

Significativos aportes foram dados pela AS-PTA nos campos da informação e capacitação de recursos humanos, na articulação interna do MAA e com movimentos afins da América Latina e Europa, na mediação para viabilizar recursos de agências financiadoras e filantrópicas europeias às ONGs do setor; na internalização da discussão do padrão tecnológico e da agricultura alternativa nos movimentos sociais do campo, que até então se pautavam pelas lutas e reivindicações nas esferas das políticas agrária e agrícola, mas de apoio à produção nos moldes convencionais.

A partir de meados da década de 1980 a AS-PTA passou a traduzir artigos e trabalhos de cunho científico, tecnológico e político, problematizando o modelo agrícola e o padrão tecnológico hegemônico nas esferas teórico-conceitual, social, econômico-financeira e ambiental.

Em 1981 ocorre o I Encontro Brasileiro de Agricultura Alternativa em Curitiba (EBAA), coordenado pela FAEAB e AEAPR. O evento reuniu cerca de 300 participantes e contou com a presença de Claude Aubert, cientista vinculado ao movimento de agricultura biológica da França, ocasião em que foi realizado o I Curso da Agricultura Biológica no Rio Grande do Sul, promovido pela Sociedade de Agronomia do Rio Grande do Sul (SARGS). Aí iniciou-se, também, a articulação de entidades e grupos do espaço governamental e não governamental, interessados em intercâmbios e colaborações nas esferas técnica, produtiva e política.

Em 1984 (2 a 6 de abril) a FAEAB e AEARJ promoveram em Petrópolis, Rio de Janeiro, o II Encontro Brasileiro de Agricultura Alternativa, quando assumiam nos Estados os governadores eleitos, após duas décadas de ditadura militar, majoritariamente de oposição e com sensibilidade para as questões sociais e ambientais.

No período estava em evidência a lei de agrotóxicos aprovada pela Assembleia Legislativa do Rio Grande do Sul, que estava sendo discutida e/ou implantada em outros Estados brasileiros e em âmbito federal.

Em tal conjuntura foi assinado no II EBAA, por 23 Secretários Estaduais de Agricultura, Trabalho, Meio Ambiente e Saúde, de 12 Estados brasileiros, o Protocolo de Intenções em que assumiam, dentre outras ações, aprovar e/ou implementar leis estaduais de controle do uso de agrotóxicos, redirecionar a pesquisa, o uso e a difusão de alternativas tecnológicas à agropecuária adequadas às distintas realidades sociais e ambientais, além de consolidar um Conselho Interestadual entre os Estados presentes, para implementação das ações consensadas na Carta de Petrópolis (FAEAB/AEARJ, 1985).

Os temas centrais tratados no II EBAA foram: as perspectivas da agricultura alternativa, o impacto dos agrotóxicos e o caso

Eletronorte, controle biológico de pragas, valor biológico dos alimentos, manejo de solos tropicais, adubação verde, agrosilvicultura, reciclagem de lixo, vermicompostagem, alternativas ao uso de agroquímicos, energia na agricultura, sistemas de produção familiares, e problemas sociais no campo.

Em 1985 foi criada no Rio de Janeiro a Associação de Agricultores Biológicos (ABIO), orientada à produção e comercialização de alimentos orgânicos.

O III EBAA seria realizado em Cuiabá, de 12 a 17 de abril de 1986, promovido pela FAEAB, AEAMT e FEAB, evento que contou com 3 mil participantes e um número expressivo de agricultores e lideranças do campo. Dentre os temas abordados no evento estavam: ensino, pesquisa e extensão; comunicação social; recursos naturais e agricultura; e as perspectivas do movimento de agricultura alternativa (FAEAB, 1987).

Em 1988, a FAEAB e a SARGS realizaram o IV EBAA, em Porto Alegre, que contou com a presença de mais de 4 mil participantes. Porém os anais detalhando o conteúdo e as resoluções do evento não chegaram a ser publicados.

A partir de então, grupos pautados pelos padrões da agroquímica retomaram a direção política das entidades de classe da agronomia, esvaziando as iniciativas afins à agricultura alternativa na esfera classista, que viriam a ter sua continuidade no espaço das ONGs.

No tocante ao PTA-FASE, depois AS-PTA, centrou sua ação na organização e articulação de Rede de Intercâmbio Tecnológico. Em 1988, atuava em 10 Estados, envolvendo, dentre outras, as ONGs: Tijupá (MA); ESPLAR e CTA de Quixeramobim (CE); Fundação Josué de Castro; Rede de Intercâmbio de Tecnologia e CTA de Ouricuri (PE); Rede de Intercâmbio de Tecnologia de Minas Gerais e CTA Zona da Mata (MG); Rede de Intercâmbio de Tecnologia e APTA (ES); Proter (SP); Assesoar (PR); Vianei (SC); CETAP (RS), e a equipe de coordenação do PTA/FASE (RJ).

Os eixos dos trabalhos centravam-se na demonstração tecnológica através dos CTAs, avaliação e sistematização de experiências no âmbito tecnológico, e programa de editoração e difusão junto ao público técnico, aos agricultores e suas organizações (Weid, 1988).

6. A agricultura alternativa no espaço institucional

Em 1984 o IAPAR promoveu o "Simpósio Sobre Agricultura Alternativa", o primeiro realizado por uma instituição de pesquisa oficial do país, que contou com a presença de pesquisadores do Canadá, EUA e Alemanha.* O documento final do evento, "Resolução de Londrina", definia a *Agricultura Alternativa* como

> o conjunto de técnicas, processos e sistemas que busque mobilizar harmonicamente todos os recursos disponíveis na unidade de produção, que recicle os nutrientes e maximize o uso de insumos orgânicos nela gerados; que reduza o impacto ambiental e a poluição; que controle a erosão; que use máquinas que humanizem o trabalho e sejam compatíveis com a realidade em que vão operar; que minimize a dependência externa de tecnologia e de matérias-primas; que busque a otimização do balanço energético da produção; e que produza alimentos baratos e de alta qualidade biológica, em escala para suprir as necessidades internas e gerar excedentes exportáveis.

O documento propugnava por uma concepção metodológica na esfera da C&T onde interagissem pesquisadores, extensionistas e agricultores; pela criação de estações experimentais para o estudo

* Eram eles David G. Patriquin, da Daulhousie University Halifax, Nova Escócia – Canadá, Miguel Altieri, da Universidade da Califórnia, Berkeley – USA, e H. Vogtmann, da University of Kassel, Witzenhausen – Alemanha.

da agricultura alternativa; uma maior difusão dos conhecimentos já acumulados aos quadros técnicos do ensino, pesquisa e extensão rural; o estudo dos sistemas tradicionais de produção; um maior intercâmbio técnico-científico com os movimentos afins em âmbito internacional (Iapar, 1987).

Nos espaços do poder público, na década de 1980, foram assumidas algumas iniciativas afins aos pressupostos da agricultura alternativa, que viriam subsidiar a expansão das iniciativas de produção orgânica no campo não governamental na década de 1990.

Dentre elas, cabem citação os trabalhos de pesquisa sobre adubação orgânica em horticultura e fruticultura desenvolvidos pela Empresa Capixaba de Pesquisa Agropecuária (Emcapa) no Estado do Espírito Santo (Souza, 1998); as pesquisas e validação tecnológica de biofertilizantes realizados pela Empresa de Pesquisa do Estado do Rio de Janeiro (Pesagro).

Em 1985, a Secretaria da Agricultura do Estado do Paraná formulou o Programa Estadual de Agricultura Alternativa, envolvendo as estruturas da pesquisa e da extensão rural. Na Emater-PR tal iniciativa teve continuidade através do Programa Estadual de Agricultura Orgânica, e no âmbito do Iapar foi instituído o Programa de Pesquisa em Sistemas de Produção.

No caso específico do Iapar, sua contribuição científica e tecnológica nos campos da genética, do manejo do solo, da adubação verde, do controle biológico e do manejo integrado de pragas, mesmo que não identificadas como tal, proporcionou valiosos subsídios aos produtores rurais e ONGs com trabalhos afins aos propósitos da agricultura alternativa.

A Empresa Catarinense de Pesquisa Agropecuária (Empasc), a partir da constituição do Centro de Pesquisa da Pequena Produção (CPPP), passou a desenvolver pesquisas com enfoque sistêmico na esfera da agricultura familiar, e posteriormente implementou pesquisas em agricultura orgânica, sobretudo nas esferas da olericultura e da horticultura.

Em algumas universidades ocorreram iniciativas afins à agricultura alternativa a partir de grupos organizados de estudantes da agronomia que assumiram iniciativas de produção e validação tecnológica (UFPR, Esalq, UFRRJ, Unesp/Botucatu, dentre outras), por parte de docentes individualmente ou em equipe, que trabalharam na capacitação de recursos humanos e na investigação de campos da agricultura orgânica.

Em âmbito federal, cabe destacar as iniciativas assumidas na esfera da Embrapa, onde o Centro Nacional de Pesquisa em Agrobiologia criou uma área experimental em agricultura orgânica (Fazendinha Agroecológica); a Uepae de Pelotas que iniciou pesquisas sobre tecnologia orgânica na área da fruticultura, em estações experimentais e junto aos agricultores familiares; e a Unidade de Pesquisa em Meio Ambiente da Embrapa, situada em Jaguariúna (SP), que afora pesquisar os impactos do uso de agroquímicos sobre os recursos naturais (solo e água), elaborou projeto de Unidade de Validação e Capacitação em Agroecologia, cuja implantação foi abortada em 1995 com a mudança de orientação na Unidade de Pesquisa.

7. A constituição dos mercados de produtos orgânicos

Em fins da década de 1980, foram criadas as primeiras feiras de comercialização especializadas na produção orgânica: no Rio de Janeiro, em 1985, organizada pela Abio; em Porto Alegre, em outubro de 1989, organizada pela Coolmeia; e em São Paulo, em 1991, organizada pela AAO.

O maior mérito de tais iniciativas foi dar visibilidade a tal tipo de produção, até então realizada de forma artesanal e comercializada em espaços restritos, com pequena capacidade de difusão/reprodução.

As feiras de produtos orgânicos deram maior segurança aos agricultores para investirem em tal tipo de produção, de forma profissional, em uma conjuntura em que a produção era bastante valorizada, dada uma oferta incipiente frente a um mercado em franca expansão e a elevado número de potenciais consumidores.

As ações de muitas ONGs envolvidas com a produção orgânica e agroecológica abrangiam a assistência técnica aos agricultores, o treinamento de técnicos e agricultores, a validação tecnológica, difusão e comunicação.

Os espaços de comercialização foram se expandindo a partir das feiras, das entregas em domicílio, em lojas especializadas e supermercados, e abriu-se a oportunidade de exportação de alguns produtos (cacau, café, soja dentre outros), o que levou o Ministério da Agricultura a se interessar pela regulamentação do setor.

Em 1995 foi constituído no âmbito da Secretaria de Defesa Agropecuária (SDA), do Ministério da Agricultura e Abastecimento, o Comitê Nacional de Agricultura Orgânica, composto por uma representação paritária de membros do governo e da sociedade civil organizada,* que foi incumbido de elaborar as normas e procedimentos para a normatização e a certificação da produção orgânica no Brasil. Tal Comitê foi transformado no Colegiado Nacional de Produtos Orgânicos, instância que vem coordenando a implantação do processo de certificação de produtos orgânicos no país.

A década de 1990 se caracterizou pela expansão dos mercados especializados em produtos orgânicos e agroecológicos, em âmbito nacional e internacional.

* A representação da Sociedade Civil era de cinco membros, eleitos pelas ONGs do setor, um por região brasileira (N, NE, CO, SD e S).

Conquanto a maioria dos agricultores orientasse sua produção a mercados locais e regionais, havia produtores de *commodities* orgânicas, caso do açúcar, soja, café, suco de laranja, cacau dentre outros, que vendiam no mercado internacional a preços 30 a 50% mais caros que os convencionais.

O período se caracterizou também pela ampliação das ações e das diferenças entre as ONGs que orientam seus trabalhos segundo os pressupostos da agricultura alternativa, e aquelas que se autodenominam agroecológicas. As primeiras se centraram na produção para o mercado, praticando um preço mais elevado que os dos produtos convencionais, trabalhando com os empresários rurais e adotando um padrão tecnológico baseado na substituição de insumos vindos de fora da propriedade.

As ONGs que se denominam agroecológicas priorizaram os trabalhos de base junto aos agricultores familiares e suas organizações buscando: a estruturação de sistemas produtivos mais independentes em energia externa; a organização dos agricultores para assumirem a gestão do processo da comercialização, dando prioridade ao mercado local e regional, e praticando preços que remunerassem o agricultor de forma justa, para tornar tal produção acessível a toda a população.

No âmbito da certificação da produção também ocorrem diferenças de concepção e de atuação entre ambos segmentos.

O grupo caracterizado como da agricultura alternativa adotou o processo de certificação formal, relativamente burocratizado e oneroso aos agricultores familiares, e de difícil acesso ou mesmo inacessível aos não organizados.

As ONGs que pautam suas atuações pelos pressupostos da agroecologia se empenharam na consolidação de processos participativos e solidários de certificação da produção agroecológica, sob controle social. Neste sentido, em 2001, foi fundada a Rede

Ecovida de Certificação Participativa e Solidária, que tinha como área de atuação os Estados do Sul (RS, SC e PR).

Em muitos momentos, em âmbito local, estadual e mesmo nacional, iniciativas e ações afins à agricultura orgânica e à agroecologia, até então restritas ao âmbito das Ongs, adentraram nas estruturas oficiais, no ensino, extensão, C&T, inclusive por iniciativa de quadros técnicos comprometidos com a busca de um modelo agrícola e tecnológico coerente e compatível com a realidade socioeconômica e ecológica do país.

8. A emergência da proposta agroecológica

Com a evolução e o aprofundamento das reflexões sobre o padrão e o modelo agrícola brasileiro, a crítica socioambiental é ampliada e crescentemente qualificada. Os conteúdos e o ideário da Agroecologia passam então a ganhar expressão no MAA, principalmente com o lançamento, pela AS-PTA em 1989, do livro *Agroecologia: bases científicas da agricultura alternativa*, de autoria de Miguel Altieri.

Na década de 1990, os conteúdos da agroecologia passaram a ser internalizados nos debates e incorporados ao ideário de muitas ONGs que atuavam junto aos movimentos sociais do campo, dada a pertinência e aderência de tal proposição com a realidade sociocultural e ambiental dos agricultores familiares brasileiros.

Em janeiro de 1989, onze ONGs de oito países da América do Sul criaram o Consórcio Latino-Americano de Agroecologia e Desenvolvimento (Clades),* que passou a promover pesquisas e capacitação de recursos humanos no campo da agroecologia.

* Instituições participantes do Clades: Argentina – INDES, Brasil – AS-PTA, Bolívia – SEMTA, Colômbia – Cetec e Imca, Equador – Caap, Chile – CET, Paraguai – CECTEC e CPCC, Peru – CIED e Ideias.

Em 1992, na IX Conferência Científica da IFOAM, realizada em São Paulo, organizada conjuntamente pela AAO, AS-PTA, IBD e MOA, foi fundado o Movimento Agroecológico Latino-Americano (Maela), cuja articulação havia se iniciado em 1990, por ocasião da VIII Conferência da Ifoam, realizada em Budapeste. Sua primeira representação no Brasil coube à AAO.

9. Evolução do movimento agroecológico

A partir de meados da década de 1990, o movimento agroecológico brasileiro avançou expressivamente em ação e organização, com a constituição da Associação Brasileira de Agroecologia (ABA), que congrega os quadros técnicos envolvidos com trabalhos em distintas esferas no campo da agroecologia, da Articulaçao Nacional de Agroecologia (ANA) envolvendo as ONGs e movimentos sociais, e com a expansão das ações das instituições governamentais e não governamentais de âmbito local, regional e nacional.

No espaço público federal, o Ministério do Desenvolvimento Agrário (MDA) passou a estimular ações e a implementar políticas em prol da agroeclogia, apoiando iniciativas nas esferas da Assistência Técnica e Extensão Rural (Ater), das Universidades, das "empresas federais e estaduais de pesquisa", e das ONGs com trabalhos junto ao setor produtivo.

Ações afins à agroecologia têm sido assumidas e apoiadas também pelo Ministério do Meio Ambiente e o Ministério do Desenvolvimento Social.

Na esfera da educação tem se reproduzido nas distintas regiões do país cursos de nível médio de agroecologia, e alguns de nível superior.

É também bastante expressivo neste campo ações de ONGs, de forma autônoma e em parceria com o poder público, atuando na organização social do segmento da agricultura familiar, na capacitação de recursos humanos, no apoio aos processos organizacionais, de processamento e comercialização da produção, afora a organização e a mobilização política em prol de ações públicas afins aos pressupostos da agroecologia.

O que se pode afirmar na atualidade é que, dados os acúmulos científicos, técnicos e produtivos da produção agroecológica, há muitos aportes que permitem afirmar que é possível se alterar expressivamente os padrões produtivos da atualidade para métodos, técnicas e processos produtivos eficientes e compatíveis com a sustentabilidade na agricultura.

A consecução de tal objetivo, todavia, demanda esforços substanciais de políticas, ações e aplicação dos recursos públicos em prol de uma agricultura que incremente expressivamente a eficiência energética do setor, a exclusão dos agrotóxicos do processo produtivo, a minimização e a mitigação dos impactos sociais e ambientais resultantes da atividade agrícola.

IV. FUNDAMENTOS DA AGROECOLOGIA

1. Princípios e orientações centrais

À luz do apresentado anteriormente sobre aspectos conceituais e históricos da *agroecologia,* é relevante se tratar do como se dá concretamente a aplicação de tais conteúdos na prática, no mundo real dos agroecossistemas, das bacias hidrográficas, dos territórios. E o passo inicial é a definição do sistema de interesse, na perspectiva de caracterizá-lo, estudá-lo, orientá-lo e intervir.

A orientação de um sistema agrícola pelos conteúdos da agroecologia implica na observância de alguns princípios e orientações básicas fundamentadas nos conhecimentos e acúmulos da ecologia e da agricultura tradicional.

Um primeiro deles diz respeito à diversificação do agroecossistema. Os ecossistemas tropicais apresentam uma elevada diversidade biológica no reino vegetal e animal, muito maior que das regiões temperadas e frias, daí a inadequação ecológica das monoculturas nestes ambientes. Em tais condições a diversidade natural presente deve nortear a orientação do sistema agrícola, contemplando a diversificação das explorações segundo um enfoque agro-silvo-pastoril.

Outro aspecto central da orientação agroecológica diz respeito à escolha do que cultivar e criar em cada realidade econômica, social e ecológica. Na dimensão ecológica é fundamental se optar por uma base genética vegetal e animal compatível com cada realidade edafo-climática, pois a sanidade vegetal e animal é mais facilmente alcançada quanto mais próximo o ser vivo estiver das características de seu *habitat* de origem, em relação ao clima, ao solo, à realidade biótica, ficando assim menos sujeito e vulnerável a estresses.

Outra estratégia central a ser observada em agroecossistemas de base agroecológica é a busca de otimização do potencial de produção de biomassa, na realidade tropical muito superior ao das regiões temperadas; assim como a reciclagem eficiente de tal biomassa, seja na forma de produção, na alimentação animal, seja em seu retorno ao solo. Com isso está se capturando carbono da atmosfera e o transferindo para a biomassa e para o solo, e contribuindo para minimizar o efeito estufa. Tal biomassa, quando deixada como cobertura ou incorporada ao solo, promove a melhoria das suas características físicas, químicas e biológicas, e de seu potencial produtivo.

Questão também relevante à estabilidade e à eficiência produtiva dos agroecossistemas diz respeito à nutrição vegetal, estreitamente relacionada à sanidade, que deve ser ampla e fundamentada em fontes de nutrientes de baixa concentração e solubilidade, em biofertilizantes de solo e foliares, e resíduos orgânicos em geral, *in natura* ou processados (compostagem).

Tal orientação guarda estreita relação com o manejo e conservação do solo que, tanto quanto possível, deve ser mantido coberto, com cobertura viva (cultivos, vegetação espontânea, adubos verdes, espécies arbóreas e arbustivas, pastagens), ou morta (palhadas). Solo este cuja exploração deve ser planejada de forma integrada com o manejo da flora e da água, no tocante à recomposição das vegetações de proteção dos recursos hídricos, as matas ciliares, na instalação de estruturas vegetais de manejo do microclima, os quebra-ventos, e de sistemas agroflorestais (SAFs). Orientação essa central à estabilidade produtiva e sanitária dos agroecossistemas, à diversificação e ao incremento da renda, o caso dos SAFs.

Trabalha-se na busca da autonomia do sistema produtivo em energia externa, notadamente os agrotóxicos. O uso de tais venenos em agroecossistemas pouco diversificados e de equilíbrio instável acentua os desequilíbrios biológicos, induz o surgimento de resistência dos insetos, de patógenos, e de espécies invasoras aos produtos químicos, a ressurgência e aparecimento de pragas secundárias, a contaminação ambiental e dos alimentos, afora a intoxicação dos trabalhadores rurais, com sua manipulação, e também dos consumidores.

A solução de eventuais problemas sanitários é buscada através de produtos de origem vegetal e mineral, não tóxicos ou de baixa toxidade, evitando, assim, todo custo o uso dos agrotóxicos.

2. A abordagem sistêmica

A adoção do enfoque sistêmico na agricultura vem no sentido de se superar o enfoque reducionista e as limitações do referencial teórico-conceitual e analítico atual. Tal instrumental permite um entendimento mais abrangente e preciso das estruturas e dinâmicas das relações intrínsecas à agricultura, de seus rebatimentos socioeconômicos e ambientais.

Em se tratando da análise de um estabelecimento rural, um agroecossistema, se faz necessário precisar qual sua extensão, em que realidade climática está inserido, como se dá sua ocupação, como são conduzidas as explorações, quais as características, potencialidades e limitações dos recursos naturais que lhe dão suporte (solo, água, flora e fauna), como eles são manejados, quais as condicionantes socioeconômicas que determinam e/ou interferem na orientação e operação do sistema. Cabe identificar se a produção do sistema está voltada à subsistência ou ao mercado, se há áreas de extrativismo e de preservação permanente, se a gestão é familiar, coletiva ou empresarial.

No tocante à dimensão do objeto da análise, ele pode ser um agroecossistema, uma microbacia hidrográfica, um determinado território, em se tratando das políticas e ações públicas afins ao manejo e à conservação do solo, da água e/ou da flora.

É também importante analisar, na dimensão produtiva, os aspectos relativos ao fator trabalho: se próprio ou contratado, temporário ou permanente; os conhecimentos dos trabalhadores; as tarefas realizadas; formas e montantes de remuneração; como se conduz a produção; como se realiza a colheita, o armazenamento, o processamento e a comercialização da produção.

A análise deve se ater também às relações suprassistema e do seu entorno, que além do clima inclui o mercado, a infraestrutura de comunicação e transporte, as políticas públicas que direta ou indiretamente interferem na operação do sistema em referência.

Tais análises devem explicitar e precisar os aspectos negativos e positivos do sistema em foco, suas potencialidades no âmbito produtivo, ecológico, energético, econômico e social. A partir deles, avaliar como se proceder à agroecologização do sistema, segundo os princípios e aportes centrais desta nova área da ciência.

3. A diversificação e a integração das explorações

A diversificação das explorações agrícolas é especialmente importante para se atingir uma maior estabilidade biológica no agroecossistema e a consequente redução dos problemas fito e zoo sanitários. Diversificação essa que guarda estreita relação com a genética das explorações vegetais e animais e seu grau de adaptação a cada ecologia.

Mas a diversificação por si só não é suficiente à otimização da eficiência no funcionamento do sistema, fazendo-se necessária a integração das explorações com base na compatibilidade e complementaridade entre elas. Uma correta integração das explorações e o manejo do solo e da matéria orgânica propiciam um melhor aproveitamento dos nutrientes contidos no sistema, desde que se proceda à reciclagem eficiente dos resíduos disponíveis na unidade produtiva com propriedade fertilizante e condicionadora do solo. O que tem reflexo positivo e expressivo também na eficiência energética e na independência do sistema de insumos externos.

A simplificação florística e faunística promovida pelos sistemas de produção modernos convencionais tem gerado crescentes desequilíbrios biológicos e ecológicos. Expandem-se as explorações monoculturais, em vez de se adotar a diversificação e a integração das atividades animais, vegetais e florestais.

Se conduzida segundo os acúmulos científicos, a diversificação e a integração das explorações aumentam a eficiência produtiva agrícola, e a compatibilidade entre plantas e animais (princípios alelopáticos). Afora promover uma maior estabilidade biológica, possibilita uma mais eficiente utilização da luz e dos nutrientes, um melhor planejamento das operações agrícolas visando sua melhor distribuição durante o ano agrícola, à luz da sazonalidade da produção.

Para cada realidade ecológica deve ser buscada a estruturação de sistemas produtivos diversificados e integrados, contemplando as atividades vegetais, animais e florestais.

Na definição das atividades vegetais deve se relevar sua complementaridade com a produção animal, além das possíveis integrações vegetal – vegetal, na busca da independência do sistema de aportes de energia externa.

Na exploração animal, por exemplo, se aproveita uma biomassa não diretamente utilizada na alimentação humana, devendo os dejetos animais serem captados e reciclados a partir de um manejo adequado do rebanho. Tais dejetos podem ser processados eficientemente na produção de composto, e nesta forma, ou *in natura*, retornados ao solo como fertilizante, condicionador de solo, fonte de energia para os micro-organismos do solo, e de nutrientes para as explorações vegetais.

A componente florestal nativa deve ser preservada, e quando necessário recomposta, para se criar condições favoráveis à proliferação e diversificação da avifauna, de insetos e demais seres vivos, cuja proliferação diversificada e equilibrada inibe a eclosão de organismos específicos, que poderão se tornar predadores das explorações comerciais.

Através do manejo e da conservação dos recursos florestais é também possível se alterar as condições microclimáticas do estabelecimento agrícola com a recomposição e a preservação das matas ciliares e das reservas legais, e com a implantação de quebra-ventos. As matas naturais e plantadas têm reflexos positivos na recomposição do equilíbrio biológico do agroecossistema ao criar as condições favoráveis à proliferação de inimigos naturais dos insetos-praga.

O manejo da flora, quando orientado para exercer a função de quebra-ventos, contribui para uma maior adequação das condições microclimáticas às atividades que se pretende explorar e para uma maior conservação da água na atmosfera, na biomassa e no solo.

Enfatiza-se o aproveitamento dos recursos produtivos disponíveis na unidade de produção e em seu entorno, e deve se evitar, tanto quanto possível, o uso de agroquímicos potencialmente agressivos ao ser humano e ao ambiente, o caso dos fertilizantes de síntese e dos agrotóxicos (Bull e Hathaway, 1986).

4. A genética determinada pelo clima

A agroecologia não busca a produtividade máxima a qualquer custo, mas sim a estabilidade na produção, com sanidade, em longo prazo (Altieri, 1989). A orientação genética dos agroecossistemas se constitui em instrumento relevante para se alcançar tal objetivo. Pauta-se pela busca de germoplasma vegetal e animal compatível com a realidade ecológica onde esteja localizado o sistema produtivo, pois assim a sanidade animal e vegetal é mais facilmente alcançada; isso por que o ser vivo está mais próximo das características edafoclimáticas e bióticas de seu *habitat* de origem.

Definidas as explorações viáveis, à luz de sua compatibilidade ecológica com as condições locais, cabe a escolha das espécies, variedades, linhagens, cultivares e raças mais adequadas às condições climáticas e edáficas, com tolerância ou resistência aos prováveis estresses locais: radiante, hídrico, térmico, nutricional, ou sanitário (vegetal e animal); afora a ponderação sobre a realidade socioeconômica relativa a mercados, disponibilidade de mão de obra, conhecimento acumulado, dentre outros.

Há que se evitar a opção por espécies que apresentem problemas sanitários afins, ao se promover as consorciações e rotações mais eficientes, e em relação às exigências nutricionais dos distintos vegetais.

No caso brasileiro, dentre as espécies que foram melhoradas e/ou adaptadas a muitas realidades ecológicas do país relacionam-se o algodão, arroz, cana-de-açúcar, café, mandioca, milho, soja, fruteiras de clima tropical e subtropical (abacaxi, banana, cítricos, coco, figo, mamão, manga etc.), fruteiras de clima temperado (maçã, pêssego, uva etc.), além de olerícolas exóticas, caso da alface, alho, batata, cebola, cenoura, tomate etc.

Parte dos pesquisadores adota como orientação científica no melhoramento genético a seleção de variedades e cultivares que atendam aos requisitos de produtividade associada à rusticidade. Há casos também de material genético reproduzido e melhorado pelos próprios agricultores, através de processos de seleção massal, na busca das melhores cultivares para cada realidade específica de clima e solos. As variedades assim selecionadas tendem a ser mais tolerantes ao frio, à acidez, ao alumínio e à baixa fertilidade do solo, características presentes em grandes extensões das terras das regiões tropicais e subtropicais.

Uma maior eficiência produtiva requer a identificação do germoplasma apropriado às condições ambientais e socioeconômicas locais, o que resulta positivamente no incremento da renda e da segurança alimentar das famílias e do território. E contempla também, em muitos casos, a possibilidade do agricultor reproduzir sua própria semente e garantir assim uma maior autonomia na produção.

Ademais, considera-se a experimentação de avaliação de germoplasma envolvendo os agricultores um processo científico educativo que abre espaço para a discussão dos problemas, das potencialidades, e das expectativas dos agricultores em relação à agricultura, ao ambiente, e ao território.

Na criação animal, a escolha das raças e linhagens também deve ser compatível com as condições edafoclimáticas e socioeconômicas de cada realidade específica visando não somente uma elevada produtividade, mas também a rusticidade e a resistência do rebanho às zoonoses.

Na escolha dos animais a serem explorados, deve-se considerar as características intrínsecas a cada propriedade agrícola: tamanho do imóvel, aptidão climática e edáfica, relevo, disponibilidade e características dos recursos produtivos, os possíveis impactos da atividade sobre a base dos recursos naturais, as características e aptidões dos recursos humanos. Definidas as espécies, cabe a escolha das raças e linhagens segundo critérios de produtividade associada à rusticidade e resistência às doenças, parasitas e zoonoses.

Na aquisição dos animais, deve-se priorizar os reprodutores provenientes de criações agroecológicas, sendo também possível a compra de animais de sistema convencionais, na inexistência de tal possibilidade. Em todas as situações, a aquisição dos animais deve se dar logo após a desmama no caso dos mamíferos, de ovos galados ou pintos de um dia no caso da avicultura, e de alevinos no caso da piscicultura.

5. O manejo e a conservação do solo

Em função das condicionantes térmicas, hídricas e radiantes, os ciclos biogeoquímicos nos trópicos possuem dinâmicas fundamentalmente distintas das regiões temperadas e frias.

Nos trópicos, uma maior disponibilidade de energia térmica e radiante, associada a uma maior pluviosidade e disponibilidade hídrica no decorrer do ano, resulta em ciclos biogeoquímicos com maior velocidade e intemperismo. Nestas regiões, a maior concentração dos nutrientes contidos no complexo solo-planta está na biomassa e não no solo, que na maioria dos casos são ácidos e distróficos devido à elevada lixiviação de nutrientes carreados pelos excedentes hídricos de chuvas torrenciais, que causam elevado impacto em solos desnudos, onde esteja ausente a cobertura vegetal.

Em função das condicionantes térmicas, hídricas e de fotoperiodismo, as regiões tropicais têm um potencial de produzir até seis vezes mais biomassa por unidade de área do que as regiões temperadas e frias. Estas são regidas por períodos quentes e com elevada luminosidade, alternados por períodos de inverno rigoroso, caracterizados por reduzida luminosidade, energia térmica e radiante, quando a ação dos micro-organismos decompositores cessa. A pluviosidade nestas regiões geralmente é menor, bem distribuída e de menor intensidade, o que resulta em uma menor lixiviação e maior concentração dos nutrientes no solo, não na biomassa. Tais solos são, via de regra, neutros e eutróficos, com elevados teores de matéria orgânica em lento processo de decomposição.

A mobilização intensiva do solo é indicada para ecossistemas onde invernos rigorosos e a neve reduzem a velocidade dos ciclos biogeoquímicos e onde não haja chuvas torrenciais, mas é totalmente inadequada nos trópicos (Primavesi, 1980).* O revolvimento do solo nas regiões mais frias acelera os processos de mineralização dos nutrientes, tornando-os, assim, disponíveis para as plantas. Tal prática nos trópicos destrói a matéria orgânica e a cobertura do solo, que fica assim exposto às chuvas torrenciais, e ocorre sua acelerada degradação física e biológica, adensamento e compactação.

Por exemplo, o sistema de pousio, coivara e queima, que demanda pouco trabalho, propicia precipitação apenas parcial dos nutrientes contidos na biomassa, pois grande parte deles é levada para a atmosfera no processo da combustão (Tabela 1). Seu uso só é compreensível em realidades em que haja oferta abundante de terras e matas e baixíssima densidade demográfica, caso de alguns territórios indígenas, mas mesmo assim, trata se de prática bastante impactante sobre o ambiente, ainda mais neste cenário climático preocupante.

---

* Estudos apontavam à época, que para cada quilo de soja exportada pelo Brasil, eram perdidos 10 quilos de solo pela erosão.

Tabela 1 – Perda de nutrientes da biomassa pela queimada

ELEMENTO	PERDAS
Cálcio – Ca	52 %
Magnésio – Mg	42 %
Nitrogênio – N	95 %
Fósforo – P	51 %
Potássio – K	44 %
Enxofre – S	59 %

Fonte: Pivello, V.R.

O conceito agroecológico de solo fértil incorpora os aspectos físicos, químicos e biológicos, e não apenas os indicadores físicos e químicos, como faz a agronomia tradicional. Na recuperação e na manutenção do potencial produtivo das áreas agricultadas são adotadas uma série de orientações e técnicas afins e compatíveis com os acúmulos da ecologia e da agricultura tradicional.

De modo geral, recomenda-se o uso das glebas segundo suas classes de capacidade de uso e de aptidão agrícola, além da adoção de técnicas e práticas convencionais de conservação do solo, como o plantio em nível, cordões vegetados, terraços, dentre outras.

É uma preocupação central a permanente incorporação de matéria orgânica aos solos cultivados, produzida preferencialmente no local, e caso trazida de fora deve ter origem e qualidade conhecidas e garantidas.

A mobilização intensiva do solo deve, tanto quanto possível, ser evitada, e deve dar-se preferência aos equipamentos escarificadores. As técnicas de cultivo mínimo são também indicadas, não havendo restrições ao plantio direto, desde que se prescinda do uso de herbicidas.

Quanto à matéria orgânica, sobre a qual a orientação agronômica convencional tem um enfoque reducionista, é da mais alta importância ao solo, às suas características físicas, químicas e biológicas, e ao seu potencial produtivo.

Sob a ótica química, afora constituir-se em fonte de nutrientes (principalmente N, P e S), a matéria orgânica aumenta a CTC* do solo e seu poder tampão, promovendo a complexação de íons tóxicos aos vegetais (Fe, Mn, Al, Zn e Cu). Promove, ainda, uma maior retenção no solo do Ca, NH_3, K e Mg.

Sob a ótica física, a matéria orgânica contribui para uma melhor aeração e permeabilidade do solo e para uma maior retenção da água e consequente resistência à erosão, minimizando a variação da temperatura do solo, resultante da radiação solar. Um solo com teores adequados de matéria orgânica chega a reter cinco a seis vezes mais água que um solo sem tal material.

Na dimensão biológica e bioquímica, a matéria orgânica se constitui em fonte de energia aos organismos do solo, incrementando sua diversificação, contribuindo para a melhoria da relação saprófitos/parasitas, induzindo uma maior resistência das plantas aos organismos que afetam seu sistema radicular.

Fauna e flora intensas e diversificadas interagem com a fração mineral do solo, desempenhando um papel preponderante na ciclagem dos nutrientes e da matéria orgânica, na fisiologia, nutrição e sanidade vegetal e animal. Alguns autores alertam para o fato de o solo chegar a ter 600 milhões de seres vivos por cm^3, sendo um equívoco considerá-lo apenas um mero suporte das plantas, e analisá-lo somente sob a ótica física e química.

Um solo com boas características físicas, químicas e biológicas produz mais biomassa vegetal, a qual eficientemente reciclada afeta positivamente o processo da sucessão vegetal e o potencial produtivo das áreas agrícolas.

* CTC – Capacidade de Troca de Cátions. Corresponde à soma das cargas negativas nas partículas microscópicas do solo (fração argila e matéria orgânica) retendo os cátions, tais como cálcio (Ca^{2+}), magnésio (Mg^{2+}), potássio (K^+), sódio (Na^+), alumínio (Al^{3+}) e hidrogênio (H^+).

A sanidade e a produtividade vegetal e animal apresentam uma correlação direta com as condições biológicas do solo, onde micro-organismos isolados ou associados têm papel preponderante na nutrição vegetal, na solubilização e disponibilização dos nutrientes do solo às plantas.

Nos sistemas agroecológicos, o aporte de nutrientes é orientado visando ativar a biologia do solo, o que induz a plantas mais sadias e produtivas, e a uma maior produção de alimentos com maior valor biológico e nutricional.

Estimula-se a rotação e a consorciação de culturas, bem como a cobertura morta e viva, através do manejo das plantas espontâneas e dos adubos verdes. A preocupação central é com a cobertura do solo pelo maior espaço de tempo possível, evitando-se sua exposição direta ao sol e às chuvas (Costa, 1993; Miyasaka, 1994). Busca-se, assim, otimizar a produção e a reciclagem de toda a biomassa da propriedade de forma eficiente (Hodges, 1983), incorporando-a ao solo *in natura,* ou humificada por métodos aeróbios e anaeróbios.

Na recuperação das áreas degradadas e de baixa fertilidade, aconselha-se a calagem quando necessária, nunca em quantidades superiores a duas toneladas por hectare, uma adubação fosfatada básica com produtos de baixa solubilidade e a introdução da adubação verde, preferencialmente consorciando-se gramíneas e leguminosas (Costa, 1993).

A incorporação de matéria orgânica ao solo, em volume significativo se necessário, o plantio de quebra-ventos e a cobertura morta são práticas utilizadas como recurso para uma maior conservação do complexo solo-planta.

O trato físico do solo deve relevar a preservação de sua estrutura física e atividade biológica, sendo, pois, aconselhável seu revolvimento apenas superficial, com implementos escarificadores.

Revolvimentos profundos e invertedores da camada arável promovem o deslocamento dos organismos no solo, instabilizando sua reprodução e atividade, uma vez que são transloucados para *habitats* não perfeitamente adequados à sua fisiologia e metabolismo.

Organismos que melhor se adaptam às camadas superficiais do solo – com maior disponibilidade de luz e oxigênio – e a alterações sensíveis de umidade e temperatura são deslocados para camadas mais profundas, onde não encontram as condições ideais para a sua reprodução.

Os seres vivos adaptados às camadas mais profundas do solo, onde ocorrem variações menores de temperatura, ausência de luz, maiores teores de umidade e uma menor aeração são deslocados para as camadas superficiais, onde não encontram também as condições mais favoráveis ao seu metabolismo vital.

A decomposição da matéria orgânica se processa de forma mais eficiente quando parcialmente enterrada, pois nas camadas superficiais sofrem uma decomposição aeróbica, onde atua um grande número de agentes decompositores. A biomassa parcialmente enterrada se constitui em uma prática desejável também como forma de se minimizar o escorrimento superficial das águas de chuva e das partículas do solo carreadas no processo de erosão.

Pode-se adotar o uso de húmus de minhoca. No tocante ao esterco da avicultura, uma vez que rações disponíveis no mercado contêm antibiótico, isso pode interferir no processo de sua humificação, e eventualmente na biocenose do solo onde tal material for aplicado. Mas mesmo assim é um material que não deve ser desperdiçado.

Em síntese, na agroecologia se lança mão de uma gama de orientações, processos e técnicas para uma ciclagem eficiente do carbono e demais nutrientes do sistema, dentre elas as práticas conservacionistas, a mobilização branda do solo, a rotação e consorciação de culturas, aporte de elementos químicos de baixa concentração e solubilidade, adubação orgânica, cobertura do solo (morta e viva), adubação verde, reciclagem eficiente de resíduos, quebra-ventos, dentre outras.

6. O manejo e a conservação da água

Na agroecologia releva-se o manejo sustentável dos recursos hídricos em âmbito global e dos sistemas produtivos; utiliza-se a abordagem sistêmica na análise e na gestão do uso e conservação deste recurso pela agricultura.

Uma primeira preocupação focal é a adequação dos recursos vegetais e animais às características climáticas (hídricas, térmicas, eólicas) de cada localidade para que possa se prescindir, tanto quanto possível, da prática da irrigação artificial. É importante considerar que a agricultura utiliza cerca de 70% de toda a água utilizada pela humanidade.

Outra questão central diz respeito à adoção de estratégias de contenção da água no sistema produtivo através da manutenção das áreas vegetadas, da cobertura viva e morta, da adubação verde, do plantio em nível, da construção de terraços, caixas de contenção, reservatórios, açudes; pela conservação da matéria orgânica no solo, pela instalação dos quebra-ventos, dentre outras.

Os quebra-ventos, ou cercas vivas, cumprem papel central na conservação da água na atmosfera, na vegetação e no solo, desde que bem planejados, e principalmente nos períodos de maior escassez. Elevados teores de matéria orgânica no solo propiciam a retenção da água em maior quantidade e por maior tempo, reduzindo-se a perda de produção com eventuais déficits hídricos, os veranicos, e a cobertura morta ou viva também tem grande expressão na conservação da água no solo.

As estratégias devem ser escolhidas a depender de cada realidade específica onde pode se deparar com regiões com sérias restrições hídricas (Nordeste), com chuvas sazonais (Centro-Oeste e Sudeste), com pluviosidade suficiente aos cultivos durante todo o ano (Sul), ou com pluviosidade muito elevada (Amazônia, Ilha de Marajó, regiões pantanosas).

O manejo sustentável dos recursos hídricos demanda a preservação das vegetações de proteção dos aquíferos (nascentes, cursos d'água, lagos, mangues etc.), matas ciliares e também sua recomposição quando necessária. Muitas iniciativas assumidas neste sentido, em áreas até bastante degradadas, têm acusado excelentes resultados na recuperação de aquíferos superficiais e subterrâneos.

O objetivo maior é que com a implementação e a adoção de tais práticas e estratégias, a água permaneça o maior tempo possível no ambiente, superficialmente, no solo e nos aquíferos subterrâneos realimentados.

A eliminação dos agrotóxicos e dos fertilizantes prontamente hidrossolúveis do processo produtivo é também da mais alta relevância, e prioritária à conservação dos recursos hídricos com qualidade, no tempo. Herbicidas, adubos nitrogenados e fosfatos se constituem nos agentes que promovem a poluição dos aquíferos superficiais e eutrofização dos recursos hídricos subterrâneos. É fundamental diminuir seus impactos sobre os organismos aquáticos para a manutenção do equilíbrio biótico e para a não exposição do ser humano a riscos de ingestão de resíduos desses produtos através da água.

Orientação também central à conservação da água no solo diz respeito à sua cobertura, com material vivo ou morto.

Estratégia esta muitíssimo adequada à olericultura e à fruticultura. Em tais explorações cabe planejar a produção de biomassa para a produção de palha com vista à promoção da cobertura morta (*mulching*), *in situ*, ou em áreas do entorno da exploração. Prática esta que contribui também grandemente para a redução e para a eliminação do uso dos herbicidas no processo produtivo.

A irrigação artificial, quando necessária, cabe ser utilizada através de técnicas que propiciem o uso racional da água, como o gotejamento e a microaspersão, com destaque para a horticultura e a fruticultura. E sempre se atentando para a qualidade da água utilizada nos processos de irrigação.

7. O manejo e a conservação da flora

A recomposição e a conservação da componente florística do agroecossistema se constitui em recurso relevante no manejo do microclima e conservação da água no ambiente, à biodiversidade e à estabilidade biológica, e à eficiência produtiva. O enriquecimento da flora de uma propriedade propicia condições à proliferação dos pássaros e da fauna entomológica, aí incluídos os inimigos naturais dos insetos predadores.

Um sistema adequado de contenção dos ventos no agroecossistema e micro bacias hidrográficas conserva melhor a umidade atmosférica, reduz a evaporação da água do solo, e influencia na melhoria das condições físicas e químicas do solo. Os quebra-ventos, dentre outros benefícios, tem influência pronunciada na conservação da água e no equilíbrio biológico do sistema. A produtividade de cereais cultivados em talhões com quebra-ventos, em anos de seca pronunciada, atingiram valores da ordem de 80% até 500% superiores aqueles alcançados nas áreas sem quebra-ventos (Pavari, 1961).

Tabela 2 – Aumento percentual da produção agrícola nas regiões áridas da União Soviética, pelas influências dos quebra-ventos

Culturas	Anos favoráveis	Anos com seca moderados	Anos com seca catastrófica
Trigo de inverno	15 a 20	80 a 100	400 a 500
Aveia	5 a 20	50 a 60	100 a 150
Cevada	10 a 15	50 a 60	100 a 150
Girassol	10 a 15	40 a 60	80 a 100
Arroz	15 a 20	80 a 100	150 a 200

(Adaptado de Pavari, 1961)

Na instalação das cercas vivas há que se considerar a orientação dos ventos mais prejudiciais às explorações agrícolas, as espécies a se utilizar, a estrutura e a composição vegetal, a distância entre as linhas de árvores à luz da altura potencial das copas, dentre outros. A opção por plantas leguminosas possibilita ainda o aporte de nitrogênio ao sistema e, eventualmente, a utilização de parte dessa biomassa na nutrição animal.

Característica importante das espécies arbóreas para quebra-ventos é possuir raiz pivotante e ser copada de baixo até em cima, casos da grevílea, cupressus, neem, sabiá, algumas pináceas, dentre outras. A distância ideal entre os quebraventos é 7 vezes sua altura potencial (Primavesi, 1980).

Nesta esfera, a recomposição das matas ciliares e a instalação de sistemas agroflorestais (SAFs), além da conservação dos recursos hídricos, propicia o extrativismo como opção de renda. Dentre tais potencialidades se incluem as frutas silvestres que podem ser consumidas *in natura*, ou processadas na forma de sucos, geleias, licores etc., de algumas palmáceas para exploração do palmito (açaí, pupunha e juçara), a flora apícola, que pode ser planejada para produzir flores e néctar para as abelhas durante todo o ano, além das espécies ornamentais, condimentares e medicinais.

8. A nutrição vegetal

No âmbito da correção do solo e da nutrição vegetal, não se nega a necessidade do aporte de nutrientes ao sistema, mas se adota em tal aporte uma orientação significativamente distinta da convencional.

Um solo biologicamente ativo, fisicamente estruturado e com disponibilidade adequada dos elementos químicos necessários aos vegetais propiciará o desenvolvimento de plantas mais saudáveis e produtivas, em analogia ao observado na nutrição humana.

A nutrição vegetal é buscada através do aporte dos nutrientes mais carentes nos agroecossistemas, com produtos de baixa solubilidade e concentração de nutrientes (Primavesi, 1980). Neste aspecto são feitas restrições aos adubos minerais convencionais, por seu potencial efeito negativo sobre os micro-organismos do solo e possível incremento de problemas fitossanitários, com destaque para o excesso de nitrogênio e desequilíbrios nutricionais. A utilização de fertilizantes químicos altamente solúveis e de forma desbalanceada resulta ainda em elevadas perdas por volatilização, lixiviação e imobilização dos nutrientes no solo, que associada à monocultura extensiva acirra os problemas sanitários vegetais.

Outro foco relevante da orientação agroecológica diz respeito à busca da autossuficiência dos agroecossistemas em nitrogênio através da intensificação do cultivo de leguminosas, da integração lavoura – pecuária, da otimização da produção e a reciclagem eficiente das biomassas vegetais e animais.

Trata-se de estratégia fundamentalmente distinta do padrão tecnológico convencional, que pela forma que maneja a biomassa inibe sua produção com os herbicidas; um supressor de vegetação exporta carbono para a atmosfera com o fogo e a mobilização intensiva do solo e não recicla eficientemente a biomassa.

A correção e as adubações são orientadas visando um aporte de nutrientes que não afete a atividade biológica do solo, onde flora e fauna influem na ciclagem dos elementos químicos do complexo solo-planta, inclusive solubilizando elementos que se encontrem em forma não disponível aos vegetais.

As análises de solo convencionais são utilizadas como indicador básico de suas condições químicas, mas não como um índice conclusivo, uma vez que não mensuram os teores de nutrientes não solúveis do sistema.

Quando as análises aconselham correções mais pesadas a calagem deve ser executada parceladamente, por anos sucessivos, para que não se interfira substancialmente na biocenose do solo. Nunca se deve utilizar mais de duas toneladas de calcário por hectare, mesmo que as análises o indiquem.

Como fontes de nutrientes relevam-se os produtos de baixa solubilidade e ricos em macro e micronutrientes, com o objetivo de se aportar o maior número de elementos químicos carentes ao sistema, e de se reduzir as perdas por lixiviação, volatilização e imobilização, sem afetar a componente biológica.

Trabalhos de Chaboussou (1985) com fruticultura de clima temperado dão indicações consistentes sobre a correlação entre a sanidade e a nutrição vegetal. As adubações nitrogenadas com produtos de elevada concentração alteram significativamente a seiva dos vegetais, elevando os teores de aminoácidos livres, bem como a pressão osmótica das células, o que favorece o ataque das plantas pelos insetos sugadores, que se constituem nos principais vetores dos patógenos nocivos às explorações comerciais.

Como fontes de nitrogênio preconiza-se o uso das tortas, de resíduos animais, de adubações foliares com soluções de esterco fermentado e, principalmente, a fixação biológica do nitrogênio com a intensificação do cultivo de leguminosas usadas como adubo verde, com espécies perenes ou temporárias rotacionadas e/ou consorciadas com os cultivos de renda. Não é indicado o uso de formulações químicas convencionais com elevada concentração de nutrientes e solubilidade, caso dos adubos nitrogenados: ureia, sulfato de amônia, nitrato de amônia, nitro cálcio etc.

No caso do fósforo, bastante deficiente nos solos brasileiros pelos padrões convencionais, trabalha-se com o conceito de sua disponibilidade total no solo, não sendo permitido o uso de adubos fosfatados processados para alta solubilidade.

Tem-se observado que um contínuo manejo orgânico do solo tem elevado a disponibilidade deste elemento em formas solúveis, necessitando-se apenas de um aporte inicial com fontes de média ou baixa solubilidade e concentração de nutrientes, para se dar início ao processo produtivo.

Na adubação fosfatada são indicados a farinha de ossos, os fosfatos de rocha *in natura* e semissolubilizados e os termofosfatos. No caso desses produtos não tem sido considerada a presença eventual de metais pesados. É tolerado o uso do superfosfato simples em casos de deficiência acentuada, apenas como aporte inicial.

O uso de escórias também é aceito, desde que comprovadamente isentas de metais pesados e/ou elementos tóxicos aos vegetais. Não é permitido o uso de adubos fosfatados com elevada concentração e solubilidade de nutrientes, casos do MAP (fosfato monoamônico), DAP (fosfato diamônico) e outras formulações convencionais.

No caso do potássio e demais meso-nutrientes, só se utilizam formulações químicas de maior concentração na inexistência de fontes de nutrientes naturais, aí entendidas as cinzas, os resíduos agrícolas e industriais ricos nestes elementos. Há uma série de indicações na literatura sobre opções de aporte de nutrientes a partir de rochas minerais havendo, todavia, uma grande lacuna de pesquisas e informações sobre a temática no Brasil.

O aporte de elementos químicos mais carentes aos vegetais é buscado através da adição dos elementos químicos em caldas de resíduos animais fermentados, onde ocorre sua quelatização. Várias orientações da agricultura orgânica têm minimizado grandemente os problemas fito e zoossanitários, através de uma nutrição vegetal assim orientada.

Segundo a teoria da trofobiose,* os problemas com pragas e doenças na agricultura são agravados por uma nutrição vegetal desbalanceada, fundamentada em uns poucos elementos químicos e uso de agrotóxicos (Chaboussou, 1987).

No sentido de se otimizar a nutrição vegetal, dá-se preferência ao uso de rochas moídas, semissolubilizadas ou tratadas termicamente, sendo estimulada também a correção do solo, quando necessária, com calcário dolomítico ou calcítico, a depender da relação Ca/Mg predominante no solo.

No caso do potássio, estimula-se o uso das cinzas vegetais e do sulfato de potássio, em substituição à forma clorada. Mesmo assim, pelas poucas alternativas disponíveis no mercado, é tolerado por alguns segmentos orgânicos o uso do cloreto de potássio, enquanto outros se restringem ao sulfato de potássio.

No tocante a microelementos, tem-se procedido a sua utilização na forma quelatizada, através da fermentação da matéria-prima em soluções de água, esterco e aditivos energéticos. Ricos em aminoácidos, tais produtos têm-se mostrado muito eficientes na prática, no tocante a uma nutrição vegetal mais ampla e a uma maior sanidade vegetal (Cae-Ipê, 1995).

---

* Segundo a teoria da trofobiose todo o processo vital encontra-se sob a dependência da satisfação das necessidades do organismo vivo, seja ele vegetal ou animal (Chaboussou, 1960).

Muitos agricultores agroecológicos, principalmente no Sul do Brasil, estão conduzindo explorações de uva, ameixa, pêssego e maçã sem o uso de agroquímicos, efetuando apenas uma correção e adubação fosfatada quando da fundação dos pomares, através do manejo da vegetação intercalar ao pomar (adubos verdes e invasoras), e pela aspersão nas fruteiras de produtos fermentados ricos em micronutrientes.

A teoria da trofobiose inter-relaciona a nutrição e a sanidade (Chaboussou, 1995). Para o autor, o agravamento dos problemas fitossanitários deve-se em parte a desequilíbrios nutricionais vegetais resultantes da adubação convencional, baseada em uns poucos elementos, ministrados via produtos com alta concentração de nutrientes e solubilidade.

Em linhas gerais, as necessidades nutricionais dos sistemas produtivos orgânicos são supridas por adubações orgânicas significativas (2 a 5 kg de matéria orgânica/m^2/ano), sendo o aporte de nutrientes via adubação foliar, ou de solo, significativamente inferior ao da agricultura convencional (Primavesi, 1990).

Entende-se que as práticas orgânicas de nutrição do solo e das plantas contribuem para alterações substanciais nos conceitos da adubação mineral convencional, precipuamente no tocante à utilização dos aminoácidos, macro e micronutrientes quelatizados.

9. A sanidade vegetal

As pragas e doenças vegetais são entendidas na agroecologia como um problema criado pelo homem, por meio do manejo equivocado dos agroecossistemas. Sob tal ótica, os problemas sanitários não serão superados apenas com o combate aos agentes responsáveis por determinada praga, doença ou zoonose, mas sim através da correção das causas que os originaram (Paschoal, 1979).

Um problema fito ou zoo sanitário, por exemplo, não é analisado isoladamente, mas, sim, buscando a origem do problema e a identificação de todos os recursos possíveis à sua superação.

A eclosão de um ataque de ácaro, cochonilha, oídio, míldio ou outra anormalidade qualquer poderá ser superada pela utilização de uma variedade resistente, por uma nutrição melhor formulada, pela diversificação maior do sistema, pela implantação de cercas vivas, dentre outras técnicas viáveis.

Utiliza-se uma gama de medidas preventivas que buscam recompor e preservar o equilíbrio biológico dos agroecossistemas, evitando, assim, o surgimento ou agravamento dos problemas fitossanitários. Nesse sentido, nos sistemas produtivos utilizam-se orientações como:

– diversificação, integração, rotação e consorciação de atividades e/ou explorações (Altieri, 1989; Primavesi, 1990);

– recomposição florística da propriedade, buscando a melhoria das condições microclimáticas e a conservação dos recursos naturais, com ênfase no solo, flora, água, e no equilíbrio ecológico do agroecossistema (Primavesi, 1990);

– promoção de uma eficiente reciclagem das biomassas disponíveis na propriedade e em seu entorno, com ênfase à sua produção no local;

– manejo orgânico das áreas agricultadas, com destaque à incorporação constante de matéria orgânica ao solo (Kihel, 1985), da forma mais adequada a cada situação específica, além das coberturas morta e viva e da prática da adubação verde (Iapar, 1987; Primavesi, 1980; Costa, 1991);

– utilização de germoplasma mais adaptado a cada condição específica, com ênfase na produtividade, mas também na prevenção dos eventuais estresses ambientais (NRC, 1989);

– busca de uma nutrição mais completa e adequada aos vegetais e aos organismos do solo pelo aporte de macro e micronutrientes via produtos de baixa solubilidade e concentração, aplicados diretamente, ou em soluções de esterco animal fermentado (Primavesi, 1990; Chaboussou, 1985).

Mesmo assim, em casos de surgimento de problemas de pragas e doenças na produção, sua superação é buscada através de métodos mecânicos, físicos e vegetativos e pouco agressivos ao ambiente e ao ser humano.

No controle de pragas são indicados calda de fumo, soluções de querosene e sabão, mistura de pimenta vermelha e sabão, mistura de pimenta do reino, alho e sabão. Para o controle das doenças recomenda-se a calda bordalesa, a calda viçosa e a calda sulfocálcica, esta última também com ação inseticida.

Uma série de alternativas brandas de controle de pragas e doenças pode ser usada, como as soluções à base de piretro, rotenona, óleo mineral, sulfato de nicotina, pimenta e outros extratos vegetais (Guerra, 1985; Burg e Maier, 1987).

Entretanto, a utilização sistemática e contínua desses preparados deve ser evitada, pois constituirão indicação de desequilíbrio ecológico cujas causas devem ser identificadas e corrigidas.

A questão central é como reequilibrar a estabilidade biológica e ecológica do agroecossistema, que passa por uma base genética compatível, a biodiversidade funcional, uma nutrição vegetal e animal balanceadas, a recomposição dos recursos florísticos, dentre outras orientações agroecológicas pertinentes em cada realidade específica.

10. O manejo das plantas espontâneas

Enquanto na agricultura convencional a orientação é de que as invasoras são um entrave, as ervas daninhas, que precisam ser erradicadas com herbicidas, na agroecologia busca-se tirar proveito deste "insumo interno".

Se por um lado o "mato" se constitui em um problema para uma série de explorações, por outro se trata de um recurso importante ao processo produtivo, desde que procedido ao seu manejo correto.

Releva-se em tal manejo o efeito positivo das espécies invasoras, plantas adventícias, na ciclagem dos nutrientes do complexo solo-planta, no aporte de matéria orgânica e como cobertura de solo no controle da erosão, como abrigo de inimigos naturais e de predadores dos insetos-praga, como alimento para os micro-organismos, como elemento positivo na conservação da água no ambiente.

Utiliza-se o conceito de planta invasora – e não de erva daninha, como o faz a agricultura convencional – que contribui para a diversificação dos agroecossistemas e se constitui em indicador das condições em que se encontra o solo no tocante à fertilidade, à deficiência em determinados nutrientes, à estrutura e compactação, dentre outros aspectos.

Através de uma observação permanente, os agricultores agroecológicos buscam conviver com as invasoras em uma série de explorações, até o ponto em que elas não concorram com a exploração de renda por água, luz e/ou nutrientes.

Em culturas que não toleram a concorrência, busca-se controlar as invasoras através de métodos mecânicos, térmicos (lança-chamas e solarização do solo), da cobertura morta, e a potencialização do efeito alelopático de plantas cultivadas sobre elas. Dentre algumas espécies que contribuem para a redução da infestação de uma série de invasoras dos cultivos comerciais, usadas como adubos verdes, estão a aveia preta, o feijão de porco e a mucuna preta.

Na fruticultura, as plantas invasoras são preferencialmente manejadas e não erradicadas, com maior ênfase nos períodos em que possam vir a concorrer com as fruteiras por água, luz ou nutrição. Dá se preferência ao terreno coberto e não desnudo.

A adubação verde é indicada na fruticultura perene, principalmente nos períodos de menor atividade ou de dormência das espécies frutíferas. Neste caso é indicado o plantio de mais de uma espécie, preferencialmente consorciando-se gramíneas e leguminosas, cuja biomassa resultante possui uma relação C/N bastante favorável. Além de tal prática produzir um volume significativo de biomassa – que após a ceifa pode ser utilizada como cobertura morta sob a projeção da copa das espécies arbóreas e sobre os canteiros das hortaliças –, a depender de sua orientação pode aportar todo o nitrogênio demandado pelas espécies produtivas, precipuamente se estiverem presentes na vegetação de cobertura as espécies leguminosas.

11. A produção animal

Na produção animal orgânica são adotados muitos dos princípios que regem a produção vegetal, que deve, tanto quanto possível, estar integrada à produção vegetal visando a otimização da ciclagem dos nutrientes (dejetos animais e biomassa vegetal), uma maior independência dos insumos vindos de fora (rações, adubos etc.) e a potencialização de todos os benefícios diretos e indiretos, advindos dessa integração.

Na escolha da(s) espécie(s) animal(ais) a ser(em) explorada(s) deve-se considerar as características intrínsecas a cada propriedade agrícola: tamanho do imóvel, aptidão climática e edáfica, relevo, disponibilidade e características dos recursos produtivos, os possíveis impactos da atividade sobre a base dos recursos naturais, as características e aptidões dos recursos humanos. Elas (raças e linhagens) devem também ser compatíveis com as condições edafo-climáticas e socioeconômicas de cada realidade específica, visando não somente uma elevada produtividade, mas também a rusticidade e a resistência do rebanho às zoonoses.

Definidas as espécies animais a serem exploradas, cabe a escolha da(s) raça(s) e linhagens, segundo critérios de produtividade associada à rusticidade e resistência a doenças, parasitas e zoonoses.

Na aquisição dos animais devem ser priorizados os reprodutores provenientes de criações orgânicas, sendo contudo permitida a compra de animais de sistema convencionais na inexistência de tal possibilidade. Em todas as situações, a aquisição dos animais deve se dar logo após a desmama, no caso dos mamíferos, de ovos galados ou pintos de um dia no caso da avicultura, e de alevinos, no caso da piscicultura.

A produção animal orgânica está vinculada à produção vegetal orgânica a partir da alimentação; à superação dos problemas com os antibióticos usados preventivamente; e com os vermífugos sistêmicos, que em muitos casos deixam resíduos na carne e no leite. Há todavia, dificuldades em sua implantação e na identificação de alternativas aos produtos veterinários convencionais, agressivos ao ser humano e ao ambiente.

O manejo dos rebanhos baseia-se nos princípios da etologia, no que diz respeito ao espaço e conforto dos animais. Este aspecto está diretamente relacionado ao desenvolvimento da aptidão de cada espécie e à sanidade animal. Recomenda-se a produção própria dos alimentos orgânicos (volumosos e concentrados) de maior valor biológico e isentos de resíduos químicos e biológicos.

Deve-se assegurar que os nutrientes vindos de fora sejam orgânicos e isentos de aditivos indesejáveis à produção, como antibióticos e coccidiostáticos usados preventivamente nas rações avícolas.

Para que os produtos de origem animal possam ser vendidos como orgânicos, os animais que os originaram devem estar sob manejo orgânico desde o nascimento, quando se tratar de pequenos animais (aves, coelhos, peixes etc.) e animais de corte, e há mais de oito meses, quando se tratar de rebanhos leiteiros.

12. A nutrição animal

Na formação e manejo das pastagens deve-se atentar para as orientações sobre o manejo agroecológico do solo, no que diz respeito à calagem e à adubação orgânica e mineral.

As pastagens devem ser implantadas em áreas aptas, de forma adequada, e integrando programa de conservação do solo e esquemas de rotação de culturas da unidade produtiva como um todo.

A consorciação de gramíneas e leguminosas nas pastagens, bem como a diversificação das espécies a utilizar é indicada na perspectiva de se alcançar uma adequada nutrição animal baseada em recursos internos ao sistema produtivo. É indicado também o plantio e a manutenção de espécies arbóreas nos piquetes com a função de sombra para o rebanho, além de esquemas de quebra-ventos, visando a consecução das condições microclimáticas mais adequadas ao apascentamento dos rebanhos.

É indicada a implantação de capineiras para a produção de volumosos em quantidade suficiente ao suprimento alimentar farto do rebanho durante todo o ano, bem como a instalação de bancos de proteína e a autoprodução de concentrados, como forma de minimizar e eliminar a dependência externa de rações animais produzidas de forma convencional.

Nas pastagens, capineiras, bancos de proteínas e demais áreas destinadas à produção de concentrados e volumosos se prescinde do uso de agrotóxicos em geral, de adubos minerais convencionais, do fogo, bem como a utilização de uma única espécie de forrageira na totalidade da área, que reproduz os inconvenientes das monoculturas.

Em todos os tipos de criação animal é indicado a complementação alimentar com material verde fresco (verduras, rami, guandu, gramíneas etc.), à vontade. A compra de forrageiras produzidas sob manejo convencional é limitada, devendo ser definida para cada situação específica, quando comprovado que o criador não dispõe de área suficiente para o suprimento pleno do rebanho.

A suplementação mineral também é indicada na produção animal e nos casos de elevada deficiência vitamínica e mineral é permitido o uso temporário de vitaminas e suplementos minerais sintéticos, procedimento a ser evitado sempre que possível.

São proibidos os hormônios e os promotores de crescimento e de aumento da lactação, administrados por qualquer via.

13. A agregação de valor à produção

O que o agricultor tem de se dar conta é de que o setor está premido por uma redução contínua dos preços que recebe pela produção, *pari passu* uma crescente elevação dos preços dos insumos, tornando a atividade agrícola em muitas situações deficitária.

A dívida dos agricultores brasileiros já montava em mais de R$ 130 bilhões, e com a política agrícola e padrão tecnológico adotados tende a crescer. Enquanto isso, empresas à montante e à jusante da produção ampliam seus lucros, com um *marketing* agressivo e ufanista do agronegócio, espaço em que a hegemonia está com os segmentos agroindustriais e comerciais e não com a produção.

Nesta perspectiva é central se viabilizar aos pequenos e médios produtores o processamento artesanal da sua produção, vegetal e animal, assim como contar com espaços públicos onde possam proceder à venda de sua produção, *in natura* e processada, diretamente ao consumidor final, o cidadão urbano.

No tocante ao padrão produtivo, deve se difundir, assistir e orientar os agricultores na condução de seus sistemas produtivos pelos princípios da agroecologia, e a retirada de produtos agressivos ao ser humano e ao meio ambiente dos processos de produção de vegetais e animais, precipuamente os alimentos.

Em uma dimensão maior da sociedade como um todo, os recursos naturais devem ser manejados de forma correta, na perspectiva de se aumentar o potencial produtivo do solo no tempo.

E os alimentos produzidos de forma orgânica garantem uma qualidade de vida muito maior à população urbana.

14. Aspectos político-institucionais

A genética se constitui em área central à determinação do padrão tecnológico; e a partir do momento em que as indústrias químicas passaram a absorver o setor produtor de sementes, a orientação imprimida foi no sentido dos pacotes tecnológicos, buscando associar as sementes aos insumos químicos. Exemplo claro de tal orientação são as variedades transgênicas tolerantes a um herbicida específico, que levam o agricultor a depender de uma única empresa ao adquirir o germoplasma "empacotado" para determinado herbicida, por exemplo.

Lamentavelmente, no caso brasileiro tem se reduzido a autonomia e a capacidade de investigação da estrutura oficial, envolvida agora, também, em projetos vinculados a interesses privados, com o Estado se descuidando da pesquisa independente, que a rigor deveria se pautar pelo interesse coletivo e se ater à identificação de técnicas, métodos e processos sustentáveis para a agricultura.

Faz-se mister articular uma ação pública com os setores organizados da agricultura, visando garantir o acesso do germoplasma melhorado para as condições do país ao setor produtivo, para que os agricultores não fiquem reféns de materiais genéticos melhorados para e em outras realidades ecológicas, com elevado potencial produtivo mas dependente de agroquímicos.

Faz-se necessário também a inclusão de um maior número de espécies de expressão alimentícia e econômica nos programas de melhoramento genético oficiais, caso da olericultura, na perspectiva do desenvolvimento de cultivares tolerantes e/ou resistentes aos mais prováveis estresses locais, sejam eles de ordem edáfica, nutricional, sanitária ou climática.

Outra premissa central a ser assumida no âmbito da execução das políticas públicas de C&T diz respeito à criação de mecanismos para uma maior interação e participação dos agricultores e de suas organizações nos programas de pesquisa, com destaque às áreas do melhoramento genético e manejo dos recursos naturais.

BIBLIOGRAFIA

AMARAL, L. *História Geral da Agricultura Brasileira*. São Paulo: Cia Editora Brasileira, 1958.

ALTIERI, Miguel. *Agroecologia: bases científicas para uma agricultura sustentável*. Trad. Eli Lino de Jesus e Patrícias Vaz. Rio de Janeiro: AS-PTA, 2002. 592 p.

______; NICHOLLS. C. Ecological impacts of industrial agriculture and the possibilities for truly sustainable farming. *Monthly Review*, p.60-71, July-August, 1998.

ASSAD E. D.; PELEGRINO, G. Q.: O clima e a potência Ambiental. *Revista Agroanalysis*, FGV, v. 27, n. 4, p. E3-E4, 2007.

______; PINTO H. S., ZULLO Jr., J., ÁVILA, A. M. H. de: Impacto das Mudanças Climáticas no Zoneamento Agroclimático do Café no Brasil. *Pesquisa Agropecuária Brasileira*. Brasília, v. 39, n. 11, 2004.

BECHT, G. *Systems theory, the key to holism and reductionism. Bioscience*, v. 24, n. 10, p. 579-596, 1974.

CONWAY, G.: *The Doubly Green Revolution*: Food for All in the Twenty-First Century. Ithaca, New York: Comstock Publishing Associates. 1997

COSTABEBER, J.A. *Eficiência Energética e Processos de Produção em Pequenas Propriedades Rurais*. Agudo, RS. 1989

COSTA, M. B. B. "A Agricultura Moderna e sua crítica: uma saída em relação às vertentes da Agricultura Alternativa". *In*: *Agricultura Alternativa: Seminário de Pesquisa*; p. 68-86. Londrina. IAPAR, 1987. 416 p.

______; CAMPANHOLLA, C. "A Agricultura Alternativa no Estado de São Paulo". *Embrapa Meio Ambiente*. Jaguariuna, 1997. 63 P.

DEAN, Warren. *A ferro e fogo; a história e a devastação da Mata Atlântica brasileira*; trad. Cid Knipel Moreira; revisão técnica José Augusto Drumond. São Paulo: Companhia das Letras. 1996. 484 p.

DELGADO, Guilherme da Costa. *Capital financeiro e agricultura no Brasil: 1965-1985*. Campinas: Unicamp; Ícone, 1985. 240 p.

DERPCH, R. *et al. Controle da erosão no Paraná, Brasil: sistemas de cobertura do solo, plantio direto e preparo conservacionista do solo.* Eschborn: GTZ, 1991. 272 p.

FÉRES, J.; REIS, E.; SPERANZA, J. S.: Impactos das mudanças climáticas no setor agrícola brasileiro. *In*: SEROA DA MOTTA, R.; HARGRAVE, J.; LUEDEMANN, G.; GUTIEREZ, M.B.S.: *Mudança do clima no Brasil: aspectos econômicos, sociais e regulatórios*. Brasília: Ipea, 2011.

GALLOPIN, G. "La sustentabilidad ambiental del desarrollo y cambio tecnológico en América Latina y Caribe". *In*: REUNIÓN Técnica de Expertos Gubernamentales. *Hacia un Desarrollo Ambiental Sustentable.* Santiago, Chile: CEPAL, 1990.

GARCIA, Eduardo Garcia. *Segurança e Saúde no Trabalho Rural: A Questão dos Agrotóxicos.* FUNDACENTRO. Brasília: Ministério do Trabalho e Emprego - FUNDACENTRO, 2001. 182 p.

GIRT, J. *The sustainable development of agricultures in Latin America and Caribben:* strategic recommendations. Informe preparado pelo Instituto Interamericano de Cooperação para a Agricultura, 1990.

GLIESSMAN, Stephen R. *Agroecologia. Processos Ecológicos em Agricultura Sustentável.* Trad. Maria José Guazzelli. Porto Alegre: UFRGS, 2000. 653 p.

HART, R.D. *Conceitos básicos sobre agroecossistemas.* Turrialba: Centro Agronómico Tropical de Investigación y Enseñanza - CATIE, 1985. 160 p.

HOLT-GIMENEZ, E. Measuring farmers' agroecological resistance after Hurricane Mitch in Nicaragua: a case study in participatory, sustainable land management impact monitoring. *Agriculture, Ecosystems & Environment.* 93, 87-105. 2002.

IPCC. *Climate Change 2007*: Synthesis Report. Contribution of Working Groups I, II and III to the Fourth Assessment Report of the Intergovernmental Panel on Climate Change [Core Writing Team, Pachauri, R.K and Reisinger, A. (eds.)]. IPCC, Geneva, Switzerland, 2007. 104 p.

_____. Fourth Assessment Report: Climate Change 2007 (AR4).

_____. *Climate Change 1995.* Impacts, adaptations and mitigation of climate change: Scientific-Technical Analysis. Cambridge: University Press, 1996. 878 p.

KIEHL, E. J. *Fertilizantes Orgânicos.* Ed. Agronômica Ceres. São Paulo. 1985.

LARA, W. H.; BARRETO, H. H. C.; INOMATA, O. N. K. *Resíduos de pesticidas organoclorados em leite humano.* São Paulo: Brasil, 1979-1981. Revista do Instituto Adolfo Lutz, São Paulo, v. 42, n.1/2, p. 45-52, 1982.

LEAL, A.C. Quebra-ventos arbóreos: Aspectos fundamentais de uma técnica altamente promissora. *Informe da Pesquisa 67.* Londrina: IAPAR, julho de 1986. 28 p.

LUTZEMBERGER, J. *Manifesto Ecológico Brasileiro.* Porto Alegre: Ed. Lançamento, 1976. 22 p.

MARTINE, George; GARCIA, Ronaldo Coutinho (Org.). *Os impactos sociais da modernização agrícola.* São Paulo: Caetés, 1987. 271 p.

MASERA, O.; ASTIER, M.; LOPEZ-RIDUARA, S. *Sustentabilidadd y manejo de recursos naturals:* el marco de evaluacion MESMIS. México DF: Mundiprensa, GIRA, UNAM, 1999.

MIYASAKA, S. *Adubação Orgânica, Adubação Verde e Rotação de Culturas no Estado de S. Paulo*. Fund. Cargill: Campinas, 1984.

NICHOLLS, C. I., *et al.* Agroecologia y resiliência socioecológica: adaptándose al câmbio cilmático. Medellín: REDAGRES/CITED, 2013. 207 p.

NOBRE, C. A. Mudanças climáticas globais: possíveis impactos nos ecossistemas do país. *Parcerias estratégicas*, v. 6, n. 12, p. 239-258, 2010.

_____; OYAMA, M.D., OLIVEIRA, G. S., MARENGO, J.A., SALATI, E.: Impact of climate change scenarios for 2100 on the biomes of South America. *First International CLIVAR Conference*, Baltimore, USA, 21-25 June 2004.

_____. Vulnerabilidade, impactos e adaptação à mudança do clima. *In: Cadernos Núcleo de Assuntos Estratégicos da Presidência da República*. n. 3. *Mudança do Clima*. Vol I. Brasília: Núcleo de Assuntos Estratégicos da Presidência da República, Secretaria de Comunicação do Governo e Gestão Estratégica. 2005a. 250 p.

_____; ASSAD, E. D. e OYAMA, M. D. – Mudança Ambiental no Brasil – O impacto do aquecimento global nos ecossistemas da Amazônia e na agricultura. *In: Scientific American Brasil*. N. 12. Set-2005b.

PASCHOAL, A. D. *Biocidas: morte a curto e longo prazo.* Revista Brasileira de Tecnologia, Brasília, v. 14, p. 28-40, jan./fev. 1983a.

_____. *O ônus do modelo agrícola industrial.* Revista Brasileira de Tecnologia, Brasília, v.14, p.17-27, jan./fev. 1983b.

_____. *Pragas, praguicidas & crise ambiental*: problemas e soluções. Rio de Janeiro: Fundação Getúlio Vargas, 1979. 106 p.

PAVARI, A. *Quebra-Ventos*. Florença: Bertrand, 1961. 179 p.

PELEGRINO, G. Q.; ASSAD, E. D.; MARINS, F. R. Mudanças Climáticas Globais e a Agricultura no Brasil. *Revista Multiciência*. Campinas, Número 8, 2007.

PINTO, H. S., ASSAD, E. D., ZULLO, J. Jr., BRUNINI, O. O Aquecimento Global e a Agricultura. *Revista Eletrônica do Jornalismo Científico, Comciência* – SBPC, v. 35, p. 1-6, 2002.

_____; ASSAD, E. D. Aquecimento global e cenários futuros da agricultura brasileira. Contrato FCO-GOF: PGL GCC 0214 British Embassy – Brasil. Unicamp, 2008.

PRIMAVESI, S. *O manejo ecológico do solo*. São Paulo, Nobel, 1980. 541 p.

READ, R. A. *Tree windbrakes for the central great plains*. Washington, USDA, Forest service, 1964, 68 p. (USDA. Forest Service. Agriculture Handbook, 250).

REDE CLIMA. *Relatório de Atividades* 2010-2011.

SEROA DA MOTTA, R.; HARGRAVE, J.; LUEDEMANN, G.; GUTIEREZ, M.B.S. *Mudança do clima no Brasil*: aspectos econômicos, sociais e regulatórios. Brasília: IPEA, 2011.

SILVA, J.F.G. *A modernização dolorosa. Estrutura agrária, fronteira agrícola e trabalhadores rurais no Brasil.* Rio de Janeiro: Zahar, 1982. 192 p.

SIQUEIRA, O. J. Efeitos Potenciais das Mudanças Climáticas na Agricultura Brasileira e Estratégias Adaptativas para Algumas Culturas. *In:* Lima, M. A.

de, Cabral, O. M. R., Miguez, J. D. G. (Eds.). *Mudanças Climáticas Globais e a Agropecuária Brasileira*. Embrapa Meio Ambiente, Jaguariúna, SP, p. 65-96. 2001

UNGARO, M. T. S.; GUINDANI, C. M. A.; FERREIRA, M. S.; GEBARA, A. B.; ISHIZAKI, T. *Resíduos de inseticidas clorados e fosforados em frutas e hortaliças de 1978 a 1983. O Biológico,* São Paulo, v. 51, n. 9, p. 239-241, 1985.

YOKOMIZO Y. *et al. Avaliação de contaminação de óleos e gorduras vegetais por resíduos metálicos e de pesticidas.* Bol. ITAL, v. 21, n. 2, p. 203-238, 1984.

YOKOMIZO Y. *et al. Avaliação da contaminação de produtos de laticínios por resíduos de pesticidas e contaminantes metálicos.* Bol ITAL, v. 21, n. 4, p.469-488, 1984.

ANEXOS

Apresenta-se em anexo uma série de práticas, técnicas e receitas que podem ser produzidas pelos próprios agricultores na condução de seus sistemas produtivos.

Tais informações e técnicas são referentes à produção de insumos orgânicos a serem aplicados no solo e nas plantas, visando a sanidade vegetal e a eficiência produtiva, sem uso dos agrotóxicos.

Apresenta-se também receitas de produtos alternativos mais brandos ao controle de pragas, que podem ser produzidos pelos próprios agricultores, como as caldas à base de fumo, pimenta, bordalesca e sulfocálcia.

1 – BIOFERTILIZANTE BOKASHI*

Ingredientes

Terra virgem	500 kg
Torta de oleaginosas	200 kg
Esterco de galinha (seco)	170 kg
Farinha de ossos	50 kg
Farinha de peixe	50 kg
Farelo de arroz	30 kg
Fonte de amido	20 lts
Inoculante (Shimamoto)	1,5 kg

Como preparar

– Esparramar a terra virgem, com 50% de umidade, em chão batido ou cimentado. Acrescentar a torta, o esterco e as farinhas. Misturar bem com pá ou enxada, esparramando novamente a mistura. A mistura pode ser repicada 2 ou 3 vezes.

– Ferver 20 litros de água e, após a ebulição, adicionar 3 kg de farinha de mandioca ou 5 kg de batata doce pré-cozida, 3 kg de açúcar mascavo e misturar bem. Será formado um mingau que é resfriado até 25° C.

– Esparramar o mingau de amido sobre a terra, já disposta sobre o piso, juntamente com o inoculante. Opcionalmente, pode-se adicionar à mistura 40 a 50 kg de pó de carvão ou casca de arroz semicalcinada. Homogeneizar e reumidecer a mistura até 50%. Amontoá-la e cobri-la com sacos de aniagem ou esteiras.

– É necessário manejar a mistura, pois, após apenas 24 horas de sua conclusão, pode atingir até 65° C. Quando isso ocorre é

* Fonte: Miyasaka, S. e Okamoto, H. Associação Mokiti Okada (MOA).

necessário repicar a pilha. Aos 7 dias o bokashi estará estabilizado e pronto para o uso. O biofertilizante poderá ser armazenado em sacos de aniagem, quando seco a 12% de umidade.

Observações

– A terra deve ser argilosa, retirada de um barranco, com baixo teor de matéria orgânica e micro-organismos.

– Uma forma prática de verificar se a terra está a 50% de umidade é pegar um pouco dela e apertar na mão. Não deve escorrer água, e quando se abre a mão, a terra esboroa facilmente.

Para que serve

O bokashi é um fertilizante orgânico, substituto dos adubos minerais, que contém N, P, K, Ca, Mg e micronutrientes. Fornece à planta nutrientes de forma branda e eficiente, que são absorvidos através de micro-organismos que se multiplicam na rizosfera.

Como utilizar

O bokashi pode ser utilizado imediatamente após seu preparo, ou depois de armazenado. Quando aplicado no sulco, põe-se 150 g por metro linear. Pode ser aplicado também a lanço, à base de 600 a 1000 g por metro quadrado.

2 – BIOFERTILIZANTE BAIYODO*

Ingredientes

60% de terra virgem
40% de farelo de arroz
1 kg de inoculante Bym Food ou de inoculante Inoki

Como preparar

– A melhor terra para se preparar o baiyodo é aquela retirada de áreas de mata. Caso haja dificuldade de se encontrar tal material, pode-se usar terra que não tenha sido utilizada para fins agrícola e que não esteja contaminada com agroquímicos (adubos químicos e agrotóxicos). O material deve conter o mínimo possível de matéria orgânica, pedras e organismos fitopatogênicos. O ideal é se retirar terra de subsolo, sendo preferidas as terras argilosas vermelhas. Se a terra for excessivamente argilosa, deve-se acrescentar à mistura 10% de casca de arroz.

– Deve-se fazer uma mistura de 60% de terra virgem, 40% de farelo de arroz e 1 kg de inoculante, umidecendo-a a 60%. Na prática, tal umidade é atingida quando se espreme um punhado da mistura na mão e a água escorre entre os dedos.

– A seguir, esparramar a terra (60%) em uma área cimentada, sobre a qual se esparrama o farelo de arroz (60%) e em seguida o inoculante.

– O material depois de bem misturado deve ser empilhado a uma altura de 1,00 a 1,20 m. A aeração do processo pode ser feita

* Fonte: Miyasaka, S., Nakamura, Y., Okamoto, H. Agricultura Natural. Associação Mokiti Okada do Brasil. Ed. SEBRAE/MT, 1996, p. 69.

através da introdução de colmos de bambu na mesma, depois de retirados os nós, a distâncias de 30 cm.

– A pilha deve ser coberta, para evitar a incidência direta de insolação e chuvas, com esteiras, sacos de aniagem ou palhas, mas não com plásticos, pois neste caso se estará vedando a entrada do oxigênio, essencial ao processo.

– Excesso ou falta de umidade prejudicam o processo de fermentação. Em caso de excesso de água, adicionar casca ou palha de arroz picada, o que neutraliza o excesso de umidade, melhora a ventilação e facilita a fermentação.

– Após a conclusão da pilha, o material poderá atingir 50 a 60º C, devendo ser revolvido ao final da primeira semana.

Para que serve

O baiyodo constitui-se em um biofertilizante, onde a terra virgem oferece os micronutrientes e o farelo de arroz uma quantidade relativa de macronutrientes, os quais encontram-se em formas que são liberadas à medida em que a planta necessita. O baiyodo contribui para a melhoria da CTC (capacidade de troca de cátions) do solo, aumentando a disponibilidade e a preservação de nutrientes.

O produto contém também uma rica fauna biótica, composta por actinomicetos, bactérias, fungos e fermentos, cuja reprodução ocorre a partir de ações bioquímicas dos macro e micronutrientes contidos na terra virgem e no farelo de arroz.

O baiyodo contribui principalmente para a melhoria das condições químicas e biológicas do solo, tendo-se mostrado eficiente no controle da fusariose, rizoctoniose e *Pseudomonas*. Seus efeitos são positivos ao incremento da fauna e da flora, o que inibe a proliferação de nematoides (Miyasaka & Okamoto, 1989).

Como utilizar

O bayodo é usado no preparo de mudas, em mistura com compostos de capim ou palha de arroz, na base de 1:1. Também é aplicado nas covas que recebem mudas de hortaliças. Pode ser utilizado na lavoura em misturas com composto. A mistura é aplicada na base de uma tonelada por 1.000 m^2, em terras pouco férteis. Também pode suplementar a cultura de arroz, na base de 300 kg/1.000 m^2, e às vésperas do florescimento, à base de 200 kg/1.000 m^2. O baiyodo pode, igualmente, ser aplicado em pomares logo após a colheita das frutas.

3 – BIOFERTILIZANTE SUPERMAGRO*

Ingredientes

Base:	40 litros de esterco fresco de bovinos 80 litros de água
Minerais:	3 kgs de sulfato de zinco 1 kg de sulfato de magnésio (sal amargo) 0,3 kg de sulfato de manganês 0,3 kg de sulfato de cobre 2,0 kgs de sulfato ou nitrato de cálcio 1,5 kg de bórax (ou 1,0 kg de ácido bórico) 0,125 kg de Cofermol
Aditivos:	1 litro de leite 1 litro de melaço (ou 0,5 kg de açúcar mascavo) 0,2 kg de farinha de ossos 0,2 kg de farinha de conchas 0,1 litros de sangue 0,2 litros de agroskrill postas de peixe postas de fígado

Como preparar

– Em um tambor de 200 litros, colocar 40 litros de esterco fresco de bovinos e 80 litros de água. Agitar e deixar fermentar por 5 a 7 dias.

– Decorrido tal período, dissolver a metade do sulfato de zinco (1,5 kg) em água morna. Adicionar ao tambor de 200 litros, onde está a mistura do esterco e água já parcialmente fermentada, juntamente com partes de alguns dos aditivos (um pouco de leite,

* Fonte: Associação dos Agricultores Ecológicos de Antônio Prado e Ipê (AÉCIA).

ou melaço, ou sangue etc.), para se reativar a fermentação. Agitar a mistura do tambor e deixar em repouso por outros 5 a 7 dias.

– Decorrido tal período, proceder da mesma forma com a outra metade do sulfato de zinco. Deixar em repouso por outros 5 a 7 dias.

– Proceder da mesma forma para o sulfato de manganês, o sulfato de cobre e o sulfato ou nitrato de cálcio, sempre tendo o cuidado de reativar a fermentação do tambor, com parte dos aditivos relacionados acima.

– O boro (1,5 kg de Bórax ou 1,0 kg de ácido bórico) também deve ser adicionado em duas vezes, como o zinco (3 kg de sulfato de zinco), agregando alguns aditivos em cada ocasião, para reativar a fermentação.

– Completada a mistura de todas as fontes de minerais e dos aditivos acima relacionados, completar o volume do tambor com água, até os 200 litros, e deixar o material em repouso por mais 30 dias, para então utilizá-lo.

– O cobre (Cu) deve ser incluído como último elemento do processo.

Para que serve

O Supermagro é um biofertilizante que contém uma série de micronutrientes necessários às plantas, em uma forma orgânica (moléculas quelatizadas). Deve ser utilizado complementarmente à adubação de solo.

Além de propiciar uma nutrição mais completa aos vegetais, através do aporte de microelementos que não são encontrados nos adubos químicos em geral, tem possivelmente um efeito protetor às pragas e doenças, que afetam os cultivos de maneira geral (CAE-IPÊ, 1995).

Como utilizar

O Supermagro deve ser utilizado na proporção de 1 litro do produto para cada 20 a 25 litros de água. Deve-se ter o cuidado de filtrar a mistura do produto fermentado, para evitar o entupimento dos bicos dos pulverizadores.

Pode ser utilizado em fruteiras, hortaliças, flores, cereais e plantas ornamentais.

É importante a avaliação do uso deste produto pelos agricultores em cada cultura e tipo de solo. Isso porque cada espécie vegetal tem determinada exigência de nutrientes, que pode ou não estar sendo suprida pelo solo.

4 – BIOFERTILIZANTE LÍQUIDO*

Como preparar

– Em um tambor de 200 litros de plástico colocar partes iguais de esterco fresco de bovino e água não clorada, deixando um espaço vazio de 15 a 20 cm.

– Adaptar uma mangueira à tampa do tambor, cuja extremidade externa deverá ser imersa em uma vasilha com água, para que ocorra um processo de fermentação anaeróbio (sem a presença de ar). Deve-se tomar o cuidado para a mangueira não ficar imersa no líquido em fermentação ou entupir, pois os gases produzidos pelo processo de fermentação poderão estourar o tambor.

– Deixar o líquido fermentar por aproximadamente 30 dias, quando estará pronto para ser usado. O armazenamento do produto final não deve exceder a 30 dias depois de pronto, pois com o tempo ele diminui sua eficiência fitossanitária.

Como usar

– O produto fermentado pode ser utilizado de várias maneiras, porém o método mais eficiente é em pulverizações foliares, que promovem um efeito mais rápido. Neste caso ele deve ser coado antes do uso e diluído em água na proporção de 1:20, e pulverizado nas plantas, chegando ao ponto de escorrimento, para que cubra totalmente suas folhas e ramos.

– Pode ser usado também no tratamento de sementes, as quais são mergulhadas na solução do biofertilizante puro por um período de 1 a 10 minutos, secas à sombra por duas horas e plantadas

* Fonte: Antônio Carlos Vairo dos Santos.

em seguida. As sementes tratadas não devem ser armazenadas, pois perdem muito rapidamente sua capacidade germinativa.

– No caso de estacas, toletes, bulbos e tubérculos pode-se utilizar o mesmo tratamento acima e se fazer o plantio imediato, o que aumenta o enraizamento das plantas.

– Na produção de mudas pode ser utilizado na rega de canteiros ou de sacos de plantio, e quando aplicado puro tem um excelente efeito bacteriostático.

A parte sólida resultante da coagem pode ser usada nas covas de plantio, na compostagem, ou ainda na alimentação de peixes e suínos, e no caso dos suínos deve ser devidamente desidratado e adicionado à ração, na proporção máxima de 20%.

Para que serve

– O uso do biofertilizante líquido foi constatado pelos extensionistas da EMATER RIO em lavouras de café e cana-de-açúcar no início dos anos 1980, quando passou a ser estudado com maior profundidade e testado também em seringueira, maracujá e nas hortaliças.

– Os resultados obtidos comprovaram seu efeito na redução da incidência de pragas e doenças, além do aumento da produção e da produtividade das culturas onde foi testado.

1. Quando aplicado em pulverizações foliares, em diluições de 10 a 30% têm um efeito fertilizante, aportando às plantas de forma equilibrada macro, meso e microelementos, contribuindo para o aumento da produtividade e dando mais resistência/tolerância às plantas ao ataque de vários agentes fitopatogênicos.

2. Em plantas frutíferas deve ser aplicado mensalmente nos períodos pós-colheita, quando apresentarem deficiência ou desequilíbrio nutricional.

3. Para a fixação de flores e frutos deve ser aplicado o produto nas mesmas concentrações do período pós-colheita, prática que contribui para a elevação da produtividade.

4. Em plantas olerícolas as pulverizações devem ser semanais.

5. Com o uso do biofertilizante observou-se que as plantas frutíferas têm uma florada mais intensa e uma ramagem mais abundante, ocorrendo um prolongamento do período de colheita.

6. No tratamento de estacas e toletes ocorre uma grande emissão de raízes, favorecendo seu pegamento e seu vigor vegetativo.

7. Em plantas ornamentais ocorre um estímulo à emissão de floradas fora de época, principalmente em violetas, roseiras, hortências e gerânios.

8. No caso das olerícolas e folhosas, as plantas ficam mais sensíveis à falta de água, havendo pois a necessidade de maiores cuidados com a irrigação.

9. Em relação às doenças fúngicas o biofertilizante reduziu a incidência da antracnose no jiló, da podridão do abacaxi, do mofo verde da laranja, das manchas deprimidas do maracujá, dentre outras.

5 – CALDA DE FUMO*

Como preparar

Colocar um pouco de fumo de corda picado (± 30 g) em uma tigela, cobri-lo com aproximadamente 50 ml de álcool e deixar em descanso por 24 horas, até o fumo absorver o álcool.

Colocar novamente 1 litro de álcool diluído em água (20%) sobre o fumo e deixar por 2 a 3 dias em lugar escuro.

Espremer a solução em um pano ralo e guardar o líquido obtido em garrafa escura. Para melhor conservação é aconselhável acrescentar 4 gramas de fenol por litro de solução.

Como utilizar

Na hora de usar, misturar um copo da solução de fumo com 200 g de sabão e dez litros de água. O sabão deve ser picado e diluído em água quente, antes de ser adicionado à mistura. O melhor é o sabão potássico feito pelo próprio agricultor. O sabão comum encontrado no comércio muitas vezes contém sódio em excesso e é excessivamente ácido, o que pode prejudicar o preparo de uma boa emulsão.

Para que serve

O extrato de fumo é recomendado principalmente para alguns tipos de pulgões, de percevejos e de cochonilhas.

* Fonte: M.S. Guerra, comunicação pessoal.

6 – CALDA DE FUMO, PIMENTA VERMELHA E SABÃO

Ingredientes

Fumo de corda	100 gramas
Pimenta vermelha	20 gramas
Sabão neutro	50 gramas
Álcool	1 litro
Água	10 litros

Como preparar

– Picar os 100 gramas do fumo de corda.

– Ferver os 10 litros de água, e quando retirar do fogo, adicionar o fumo picado. Deixar a mistura esfriar. O caldo escuro resultante da mistura, após resfriado, deve ser guardado em uma lata ou vasilha fechada. Dura até 30 dias.

– Macerar os 20 gramas de pimenta vermelha e colocar em 1 litro de álcool. A mistura deve ficar em repouso por uma semana, antes de ser usada, em vasilhame fechado. Se bem tampada pode ser guardada por alguns meses.

– Dissolver os 50 gramas de sabão neutro em 1 litro de água quente, no dia em que for usar a calda.

– No dia em que for utilizar a calda, colocar 1 litro do extrato de fumo (A), 1/2 copo do extrato de pimenta vermelha (B) e a solução de sabão neutro (C) no pulverizador de 20 litros. É interessante coar os ingredientes (A) e (B) para evitar o entupimento do bico do pulverizador. Agitar a mistura dos três componentes, completar o volume do pulverizador com água e pulverizar as plantas.

Para que serve

Esta calda ajuda a controlar as pragas das hortaliças, frutíferas, cereais, flores e plantas ornamentais (insetos em geral).

Atenção: não usar esta calda em solanáceas (tomate, pimentão, batata, berinjela e jiló), pois pertencem à mesma família da pimenta e do fumo, podendo haver transmissão de viroses comuns a elas pela calda.

Carência: respeitar um período de carência de 5 dias entre a última pulverização e a colheita da produção tratada.

7 – CALDA DE PIMENTA-DO-REINO, ALHO E SABÃO

Ingredientes

Pimenta-do-reino moída	100 gramas
Alho	100 gramas
Sabão neutro	50 gramas
Álcool	2 litros

Como preparar

– Colocar os 100 gramas da pimenta-do-reino moída e 1 litro de álcool em um recipiente de vidro com tampa. Deixar em repouso por uma semana.

– Triturar os 100 gramas de alho, misturar em 1 litro de álcool e colocar em um recipiente de vidro com tampa. Deixar em repouso por uma semana.

– Dissolver os 50 gramas de sabão neutro em 1 litro de água quente, no dia em que for usar a calda.

– No dia em que for utilizar a calda, colocar 1 copo do extrato de pimenta-do-reino (A), 1/2 copo do extrato de alho (B) e a solução de sabão neutro (C) em um pulverizador de 20 litros. É interessante coar os ingredientes (A) e (B) para evitar o entupimento do bico do pulverizador. Agitar a mistura dos três componentes, completar o volume do pulverizador com água e pulverizar as plantas.

Para que serve

Esta calda ajuda a controlar as pragas das hortaliças, frutíferas, cereais, flores e plantas ornamentais. Pode inclusive ser utilizada nas solanáceas (tomate, pimentão, batata, berinjela e jiló). Tem ainda uma vantagem sobre a calda de fumo, por não ser um produto de ampla ação sobre todos os insetos, preservando assim os inimigos naturais dos insetos-praga.

Atenção: não utilizar a calda nas horas mais quentes do dia.

Carência: respeitar um período de carência de 5 dias entre a última pulverização e a colheita da produção tratada.

8 – CALDA BORDALEZA

Ingredientes

Sulfato de cobre	200 gramas
Cal virgem	200 gramas
Água	20 litros

Como preparar

– Colocar os 200 gramas de sulfato de cobre em um saco de pano ralo e deixá-lo suspenso em 5 litros de água. Se utilizar água morna, o sulfato de cobre se dissolverá mais rapidamente. Pode-se também deixar o sulfato de cobre em suspensão na água (5 litros) de um dia para o outro.

– Colocar os 200 gramas de cal virgem de primeira, em um balde com pouca água. Se em 30 minutos não houver aquecimento da mistura, não usar a cal porque ela não é de boa qualidade. Após a reação completa da cal, quando se forma uma pasta rala, completar o volume da água até 5 litros.

– Despejar a solução de sulfato de cobre sobre a solução de cal virgem. Nunca o contrário. Mexer bem para que a cal não se decante. Coar a solução, colocar no pulverizador e completar o volume até 20 litros.

Atenção: para verificar se a calda não está ácida, pois queimará as folhas das plantas, pingue uma gota da solução final em um canivete ou faca de ferro.

Aguarde 3 minutos. Se formar uma mancha avermelhada no metal, é necessário colocar mais leite de cal na solução, pois ela está ácida.

Para que serve

A calda bordaleza é indicada para o controle de doenças de fruteiras e hortaliças:

Tomate: controla a requeima, a pinta preta e a septoriose. Só iniciar a aplicação quando as plantas estiverem com 4 folhas.

Batata: controla a requeima e a pinta preta. Só iniciar a aplicação após 20 dias da germinação.

Cebola e alho: controla a mancha púrpura e outras manchas da folha.

Beterraba: controla a mancha das folhas (*Cercospora beticola*). Usar 3 partes de calda para 1 parte de água.

Alface e chicória: controla o míldio e podridão de esclerotínia. Usar 1 parte de calda para 1 parte de água.

Couve e repolho: controla o míldio e a alternária em sementeira. Usar 1 parte de calda para 1 parte de água.

Abobrinha e pepino: controla míldio e outras manchas folhares. Usar 1 parte de calda para 1 parte de água.

Atenção: quando a umidade do ar estiver alta, condição favorável à disseminação das doenças em hortaliças, fazer pulverizações semanais. Caso contrário, fazer pulverizações quinzenais ou mensais.

Fruteiras

Caqui: controla a cercosporiose e mycosphaerela. Usar 1,5 quilos de cal virgem para 0,3 quilos de sulfato de cobre e 100 litros de água.

Figo: controla a ferrugem. No tratamento de inverno, utilizar a calda sulfocálcica. Do início da brotação até a maturação dos frutos, fazer pulverizações com a calda bordaleza (1 parte de cal/ 1 parte de sulfato de cobre/100 litros de água), a cada 10 a 15 dias.

Cítricos: controla a verrugose e a melanose. Pulverizar uma vez, após a florada, adicionando-se óleo mineral. Quando a incidência da doença na safra anterior foi grande, fazer duas pulverizações: uma antes da florada, outra quando 2/3 das pétalas tiverem caído.

Goiaba: controla a ferrugem. Fazer pulverizações periódicas de setembro a dezembro, quando as condições de alta umidade e temperaturas amenas são favoráveis à propagação da doença.

Rosáceas*: controla a entomosporiose. Pulverizar com calda bordaleza ou calda sulfocálcica após a poda, até o início da formação dos frutos.

Mangueira: controla a antracnose. Fazer uma pulverização antes da florada, em cobertura total, tendo o cuidado de molhar bem as folhas. A segunda pulverização deve ser feita no florescimento. A partir de então, pulverizar a cada 15 a 20 dias, de acordo com as condições do tempo e a incidência da doença.

Morango: controla a antracnose. Pulverizar até a floração. Depois, substituir por calda sulfocálcica. Pode-se também usar uma mistura de 0,5 litros de calda bordaleza + 1,5 litros da calda sulfocálcica em 100 litros de água para pulverizar o morango, alternando-se uma aplicação desta mistura com outra de calda sulfocálcica.

* Inclui abricote, ameixa, amêndoa, cereja, maçã, marmelo, nectarina, nêspera e pêssego.

9: CALDA SULFOCÁLCICA

Ingredientes

Cal virgem em pedra	5 kgs
Enxofre em pó	10 kgs
Água	26 litros
Baumé	1 areômetro

Como preparar

– Em uma vasilha de ferro, aquecer ligeiramente 2 a 3 litros de água e adicionar os 5 quilos de cal virgem. Deixar a mistura ferver. A vasilha deve ter um tamanho tal que não permita haver derramamento durante a fervura. É importante que a cal seja de boa qualidade: começar a reagir com a água após 5 minutos. Se até 30 minutos não houver reação, não utilizar a cal, pois ela não é de boa qualidade.

– Durante a fervura da calda de cal, adicionar aos poucos os 10 quilos de enxofre em pó, agitando com uma pá de madeira, até se formar uma mistura homogênea, onde não haja a separação do enxofre. Tomar o cuidado de não deixar a mistura esfriar.

– Adicionar o restante da água (total de 25 litros), e deixar a solução ferver por mais 50 minutos (nem mais, nem menos). Deve-se também manter o nível da mistura, adicionando-se, quando necessário, água fervendo. Após os 50 minutos de fervura, deixar a mistura esfriar, a qual deverá apresentar uma coloração âmbar (amarelo escuro). Medir então sua concentração com o areômetro de Baumé. Uma calda bem feita deve ter uma concentração entre 25 e 33 graus Baumé.

– Resfriada a calda, ela deve ser coada em coador de algodão, e acondicionada em tambor de ferro galvanizado ou plástico, o qual deve ser fechado hermeticamente, para evitar a entrada de ar, o qual reduzirá seu poder inseticida e fungicida. A calda pode também ser guardada em vasilhame de vidro, mas nunca de cobre.

Observação: os resíduos que ficarem no coador devem ser guardados, pois servirão para pincelar os troncos e galhos das árvores.

Para que serve

A pasta acumulada no coador serve para pincelar os troncos e galhos das árvores, para controlar cochonilhas, fungos e insetos, dentre eles a broca.

A calda tem ação inseticida, acaricida e fungicida. É fundamental utilizá-la em distintas concentrações, para cada caso específico, o que está detalhado no final. A calda mais concentrada tem maior efeito, todavia pode queimar as folhas e frutos novos. A seguir estão detalhadas suas aplicações:

Hortaliças:

Ferrugem e ácaros: em alho, cebola, feijão, berinjela, pimentão, roseira e crisântemo, utilizar uma solução de calda a 26 graus Baumé, na proporção de 1 litro de calda para 20 litros de água.

Tripés: em alho, cebola, feijão e tomate, utilizar uma solução de calda a 26 graus Baumé, em uma diluição de 1 litro de calda para cada 25 litros de água.

Oídio e ferrugem: em plantas ornamentais, crisântemo, begônia, roseira, uva e quiabo, utilizar uma mistura de calda sulfocálcica, cola de madeira, enxofre em pó e água, conforme o discriminado abaixo.

Ingredientes

4 litros de calda sulfocálcica (24 a 25 graus Baumé)
10 gramas de cola de madeira (em pó)
1,5 kg de enxofre em pó (flor de enxofre)
100 litros de água

Como preparar

– Dissolver os 10 gramas de pó de cola de madeira em 3 litros de água quente, e juntar 1,5 quilo de enxofre em pó, até formar uma pasta mole.

– Adicionar à pasta de cola e enxofre 93 litros de água e 4 litros de calda sulfocálcica (24 a 25 graus Baumé). Tal mistura deve ser utilizada no mesmo dia de sua preparação.

Fruteiras de folha caduca (maçã, pêssego, pera, caqui, uva, ameixa, nectarina etc.): tratamento de inverno: utilizar a calda sulfocálcica a 26 graus Baumé, para o controle de cochonilha e fungos, na proporção de 10 litros de calda para cada 60 litros de água.

Tratamento de primavera/verão: utilizar a calda sulfocálcica a 26 graus Baumé para o controle de larvas de cochonilhas, ácaros e tripes, na proporção de 1 litro de calda para cada 33 litros de água.

Goiaba: utilizar a calda sulfocálcica preventiva, para o controle da ferrugem, a uma concentração de 0,3 graus Baumé.

Cítricos: utilizar a calda sulfocálcica para o controle do ácaro da leprose, numa proporção de 1 litro de calda a 26 graus Baumé para 30 litros de água.